LA

CULTURE MARAICHÈRE

ABBEVILLE, IMP. P. BRIEZ

BIBLIOTHÈQUE DU JARDINIER

PUBLIÉE

AVEC LE CONCOURS DU MINISTRE DE L'AGRICULTURE

—

LA
CULTURE MARAICHÈRE

POUR

LE MIDI DE LA FRANCE

PAR

A. DUMAS

Jardinier-Chef de la ferme-école de Bazin (Gers)

DEUXIÈME ÉDITION

PARIS

LIBRAIRIE AGRICOLE DE LA MAISON RUSTIQUE

26, RUE JACOB, 26

1867

AU LECTEUR

Vouloir écrire et être jardinier serait de la présomption sans doute, mais comme on l'a souvent dit: dans la plus humble sphère on peut être utile à la société et travailler énergiquement au progrès, d'où dépend la prospérité de notre pays.

C'est pour répondre aux désirs souvent exprimés par des membres bienveillants de la Société d'agriculture du Gers, que je me suis résolu à publier ce petit traité de la Culture maraîchère du Midi.

Ma seule ambition est de contribuer dans la mesure de mes forces au progrès de l'horticulture et de faire apprécier les ressources et les richesses de notre sol.

J'ai essayé de résumer, dans ce petit livre, tous les travaux, semis et plantations à faire jour par jour dans un jardin potager bien conduit, et de donner dans tous leurs détails les différentes cultures maraîchères.

Je n'ai d'autre but que de faire profiter le lecteur de quelques moyens pratiques de facile exécution, assurant de bons résultats, qui sont le fruit de longues années d'observations et d'expériences.

Si j'ai pu, ami lecteur, en publiant ce livre, vous être utile, je serai vraiment heureux et bien récompensé de mes peines.

A. DUMAS.

LA
CULTURE MARAICHÈRE

I

Des avantages de la culture maraîchère, bénéfices qu'on en peut tirer.

Nous sommes heureux de constater que l'horticulture a fait dans nos contrées des progrès marquants, et que chacun sent le besoin de posséder des légumes, des fruits, des fleurs qui rendent la vie de nos campagnes si intéressante et si douce. Rien, en effet, n'est beau comme les produits vivants de la nature où se reflètent si bien la puissance du créateur.

Mais, pour jouir des immenses avantages procurés par l'horticulture, il faut ne pas se poser en simple admirateur, mais, comme dans toutes les branches de l'industrie, l'étudier, la comprendre et agir. La Ferme-École de Bazin entr'autres est appelée à rendre les plus grands services dans le département du Gers, au point de vue de l'horticulture. Ce qui le prouve, ce sont les résultats déjà obtenus et les nombreuses demandes d'élèves jardiniers pour les châteaux de nos contrées et les Fermes-Écoles de la région. Ces demandes augmentent encore et il en sera longtemps ainsi, car on sentira chaque jour davantage le besoin d'un bon jardinier, non-seulement pour les maisons opulentes, mais pour toute localité, pour tout hameau.

Qui ne conçoit, en effet, de quelles ressources on se prive par une coupable inertie et tout ce qu'il y a de richesses dans un lambeau de terre bien cultivé.

Le jardinage bien conduit procure toujours l'aisance, et même une petite fortune, aux personnes laborieuses qui l'entreprennent. Les jardiniers de Lectoure l'ont bien compris. Aussi, voit-on ces hommes intrépides franchir une distance de 70 à 80 kilomètres, avec un cheval et vendre toutes sortes de légumes, à un prix très-rémunérateur, aux nombreuses localités privées de jardins maraîchers.

Cet état de choses nous montre, une fois de plus, l'immense avantage d'avoir un bon jardinier dans les châteaux, qui, par ce moyen, auraient à point nommé les fruits et les légumes dont forcément ils se privent tous les jours. L'excédant de la consommation, vendu avantageusement, serait encore une précieuse ressource pour les braves populations de nos campagnes qui, souvent, ne connaissent les légumes que de nom.

Je crois faire plaisir à mes lecteurs en leur donnant la note des recettes et dépenses du jardin et de la pépinière de la Ferme-École, année 1866.

On pourra se faire ainsi une juste idée des **avantages**

que peuvent procurer partout les produits maraîchers.

	POTAGER	RECETTES.		DÉPENSES.	
		fr.	c.	fr.	c.
	Légumes vendus sur la place à Lectoure	1,120	35		
	Id. fournis l'Établissement	1,154	20		
421	Journées des élèves, à 1 fr. l'une.			421	
	Engrais employé au jardin			180	
	Frais, dépenses, s'élevant à . . .			601	
	Reste, bénéfice net	1,673	55		

	PÉPINIÈRES	RECETTES.		DÉPENSES.	
		fr.	c.	fr.	c.
	Ventes d'arbres s'élevant à. . . .	2,715	40		
707	Journées des élèves à 1 fr. l'une.			707	
	Achats de plants ou frais divers.			434	75
	Dépenses à déduire s'élevant à. .			1,141	75
	Reste, bénéfices réunis des pépinières et du potager	3,247	20		
	Ce qui donne, en moyenne, pour chaque jardinier 811 fr. 20 c. .				

Pour encourager nos compatriotes à se livrer à la culture maraîchère, nous ne saurions mieux faire que de dire un mot des jardiniers de Lectoure, et les résultats qu'ils ont obtenus.

Entre le Gers et la ville de Lectoure, existait de temps immémorial une quinzaine de braves familles, habitant un petit hameau, au milieu de la fertile plaine du Pradoulin et possédant en tout trois ou quatre hectares de terrain qu'elles cultivaient en jardin. Leurs principales cultures d'été étaient le chou commun (Milan), nommé pour cette raison chou de Lectoure et cultivaient en sus quelques choux cabus, ils exportaient le tout à dos de cheval, à Condom, Fleurance, Nérac. Leurs légumes d'hiver étaient le céleri qu'ils vendaient en carnaval, et quelques plants d'oignon pour le printemps.

On conçoit qu'avec une si petite étendue de terrain, des cultures aussi peu variées, il était difficile de faire fortune ; néanmoins quelques familles avaient gagné un petit bien-être, et lorsque le temps, ce grand réformateur ou destructeur de toutes choses, eut apporté les changements de 89, les jardiniers du Pradoulin sortirent de leur cercle restreint.

Aujourd'hui les choses ont bien changé de face.

Grâce à leurs économies et à leur savoir faire, ces jardiniers achetèrent les métairies de Lastride, Pradoulin, St-Cény, Lagrangette, le Pont-de-Pilé et une partie de la forêt du Ramier ; de sorte que la riche plaine du Pradoulin et tous les beaux coteaux du midi de la ville appartiennent aujourd'hui aux familles de jardiniers. Je les en félicite ; il est rare, en France, de rencontrer, près d'une petite ville, une aussi vaste étendue de jardins dans une exposition si favorable à toutes les cultures.

Aujourd'hui les jardiniers de Lectoure cultivent en grand les céleris, chicorées, scaroles, romaines, betteraves, cornichons, choux, tomates, ails, oignons, poireaux, radis ; et, pour plants, le chou, l'oignon, le poireau, la romaine, la tomate et le bazilic.

Il se plante, à peu près chaque année, de trente à

quarante mille choux divers ; trois cent mille pieds de chicorées ou scaroles ; deux cent cinquante mille de céleris et au moins autant de romaines ; il se vend cinquante mille bottes de radis chaque printemps, et tous les étés, au mois d'août, soixante mille plants de choux *milan* par chacune des quarante familles habitant le Pradoulin. Le seul revenu de ce chou s'élève chaque année, sans exagération aucune, à 25,000 fr., la contenance actuelle des jardins étant de vingt à vingt-cinq hectares qui produisent annuellement 90 ou 100,000 fr.

J'ai donc bien raison de dire que la culture maraîchère est, et sera toujours une industrie des plus lucratives. Quelle est, en effet, la propriété de 25 hectares, quelle que soit sa fertilité, qui produise vingt mille francs ? je ne crains pas d'avancer qu'il n'en est aucune. Eh bien ! la culture maraîchère fait plus que tripler cette somme. Mais si j'ai avancé que les jardins de Lectoure produisent annuellement au moins 100,000 fr., ce n'est pas que je veuille présenter à mes lecteurs ces jardiniers comme des phénix dans cette branche d'industrie ; non, je dois demeurer dans le vrai et dire que, si leurs cultures étaient un peu plus variées, plus appropriées aux besoins actuels de la consommation , la somme de leurs revenus doublerait chaque année. Qu'il me suffise de citer un seul exemple à l'appui de ce que j'avance. Que penserait-on si je disais que la plante la plus lucrative de la culture maraîchère, l'asperge, n'a pas paru dans leurs jardins, qu'on n'en trouverait pas un seul pied sur vingt-cinq hectares de terrain. Voilà pourtant la vérité. Et cependant le revenu des asperges exportées à l'étranger s'élève à des millions, sans compter la vente aux halles centrales de Paris où

les plus belles asperges améliorées arrivent à cinquante
francs la botte. Ce retard d'admettre dans les cultures
une plante si avantageuse a sa source dans la routine ;
le fils succédant au père dans la profession de jardinier
se fait un scrupuleux devoir de ne cultiver que les
légumes traditionnels adoptés par les siens. Cela a bien
son mérite, mais il faut cependant aimer assez le progrès pour répondre aux exigences du temps, et se tenir
au courant de ceux qui se réalisent tous les jours pour
l'horticulture.

II

De l'Exposition à donner aux jardins maraîchers du Midi de la France.

Quoique dans nos contrées les légumes réussissent à peu près partout, deux expositions, le levant et le midi, sont préférables pour un jardin maraîcher où l'on peut cultiver avec succès les plantes de diverses familles. La différence entre elles, à cause des rayons solaires, est si peu de chose, qu'on peut n'y point faire attention pour s'occuper d'un élément plus essentiel, l'eau; oui, l'eau pour les grandes chaleurs de ce climat, sans elle point de légumes ; l'expérience nous l'a déjà appris.

TERRES

Elles ne sont pas toutes de nature à favoriser une bonne récolte ; et, si on a la liberté du choix, il faut préférer celle qui est profonde, légère, aurait-elle même quelque peu de consistance, à celle qui serait compacte, humide, et lui donner une profondeur en rapport avec la dimension des racines des plantes qu'on doit y cultiver.

DÉFONCEMENTS

Les défoncements varient selon les plantes qu'on veut

cultiver [1] ; pour un jardin fruitier-maraîcher, de 90 centimètres à 1 mètre, et pour un terrain spécialement consacré aux légumes, de 60 à 70 centimètres. Mais pour réussir à avoir de beaux produits, il faut que les couches inférieures soient perméables, c'est-à-dire qu'elles ne retiennent point pour elles seules, l'eau et les autres fluides bienfaisants destinés à donner aux légumes l'existence et la force.

DRAINAGE

Les bienfaits du drainage n'ont pas encore été bien appréciés dans le midi de la France, où l'on croit généralement encore que les terrains drainés veulent être arrosés beaucoup plus que ceux qui ne le sont pas ; ne le croyez pas : dans un terrain drainé, la végétation est beaucoup plus hâtive, les végétaux moins exposés aux gelées ; et, malgré les chaleurs de nos climats, les arrosages sont moins nécessaires.

En signalant l'immense avantage du drainage pour le Midi, nous laissons aux jardiniers et aux propriétaires la liberté du choix, tout en leur désignant comme préférables ceux à *tuyaux en terre cuite* nommés *drains*, qu'on recouvre d'une mince couche de pierres concassées pour qu'ils ne puissent être obstrués par des racines d'arbres.

ENGRAIS

Il n'est pas de culture maraîchère qu'on puisse réussir sans engrais, et il faut, de cette matière, une quantité

---

[1] Dans le Midi, on ne devrait jamais voir de jardins maraîchers dépourvus d'arbres fruitiers, car c'est d'eux qu'on tire aujourd'hui le plus de profit.

proportionnée à l'épuisement du sol et au genre de culture qu'on veut pratiquer, car on le sait, l'engrais est la base et l'assurance de la réussite.

Le meilleur de tous est, sans contredit, celui de bergerie, qui doit être mis en terre en automne ou au commencement de l'hiver.

LABOURS

Les labours doivent être faits, s'il est possible, en automne, au fur et à mesure que la récolte est enlevée, et être très-profonds, en ayant soin de couvrir le fumier et de conserver de grosses mottes, sans les diviser d'aucune façon. De cette manière, le terrain s'ameublit considérablement surtout par le moyen des engrais, des pluies et de l'air ; et les mottes, laissées à la surface, se trouvent, plus tard, complétement pulvérisées par les influences atmosphériques.

Les labours des jardins ne doivent être exécutés qu'à la bêche ou *pellevert gascon*, qui procure l'avantage de ne jamais fouler le terrain.

SEMIS

Règle générale. — Ce qu'il ne faut jamais oublier pour la réussite des semis, c'est que les graines ne doivent être enterrées qu'à proportion de leur volume. Ainsi, les graines de céleri, pourpier, tabac, pétunias, etc., veulent seulement être à peine recouvertes ; tandis que celles de tétragone, betterave, panais, etc., demandent une certaine profondeur (environ 10 centimètres) pour que l'humidité qui en provient accélère leur germination.

ASSOLEMENT DES JARDINS

Assoler un jardin, c'est le diviser en un nombre plus ou moins grand de carreaux, de manière à pouvoir établir une bonne rotation.

ROTATION

C'est la succession des cultures. Elles doivent être établies de telle sorte que les carreaux en production soient toujours en rapport avec les besoins du propriétaire ou de la localité pour la vente des légumes. On devra faire succéder aux plantes à racines pivotantes, celles à racines traçantes, afin que, successivement et par le temps, les couches inférieures puissent s'imprégner de nouvelles fumures et des arrosages à engrais liquides, qu'on donne souvent aux plantes à racines profondes.

SYMPATHIE ET ANTIPATHIE DES PLANTES

Qu'on nous permette un mot sur les remarques faites à ce sujet, soit dans ma pratique, soit chez certains autres jardiniers : il est vrai que toutes les plantes sont *sympathiques*, quand elles ont abondance de fumier, et qu'au contraire, elles sont *antipathiques*, si elles sont dépourvues de la quantité nécessaire. Cela se voit dans les métairies du Gers qui ont toutes, dans leurs jardins, depuis qu'ils existent, un carré uniquement destiné aux choux qui, chaque année, sont vraiment énormes.

Le colza, que quelques auteurs citent comme plante très-antipathique, se présente toujours à *la même place* dans les jardins déjà cités, et est cependant d'une vigueur remarquable.

A la Ferme-École même, nos courges sont toujours au même carré, ce qui n'empêche d'aucune façon leur énorme développement.

D'où je conclus :

1° Que toutes les plantes sont *sympathiques* si on rend à la terre, par des engrais, ce qu'elles lui ont enlevé, et qu'on puisse donner des labours et appliquer les fumures en temps opportun ;

2° Que toutes les plantes sont *antipathiques* quand on ne fume pas, et qu'entre les récoltes et les semis, il n'y a pas un laps de temps suffisant pour donner au sol les préparations que nécessitent les cultures.

III

Calendrier horticole ou résumé des travaux à faire chaque mois.

JANVIER

TRAVAUX DE PLEINE TERRE

Potager. — On fait dans ce mois les gros travaux d'hiver tels que les défoncements pour les arbres fruitiers, les asperges, les artichauts, les courges, les pommes de terre. On laboure et on fume tous les carrés vides, afin d'exposer la terre, le plus longtemps possible avant la semence, aux agents atmosphériques qui la fertilisent et la rendent conséquemment plus propre à toutes cultures. Il faut aussi n'attendre jamais au printemps pour faire les labours : c'est un mauvais système qui empêche toujours la réussite des semis. A la Ferme-École, nous les exécutons ordinairement en octobre et novembre. Passé cette époque, il ne nous est guère possible de faire ces genres de travaux, vu la mauvaise exposition de nos jardins.

Il faut aussi, malgré la saison d'hiver, entretenir la plus grande propreté autour de l'habitation des maitres ; refaire ou changer les allées, et réparer par le moyen du sable ou du gravier, celles qui en ont besoin.

Lorsque quelques journées mauvaises empêchent de travailler dehors, il convient d'employer ce temps à commencer les paillassons, réparer les coffres et vitrer les châssis. Un jardinier doit s'entendre à toutes ces choses et n'avoir pas besoin d'une main étrangère. Sa conscience lui fait un devoir de prendre à cœur les intérêts de ses maîtres. Il doit par conséquent ne leur occasionner jamais de dépenses superflues.

Semis. — Lorsque le temps le permet, on sème dans une terre légère et sèche, des carottes courtes, des radis hâtifs, des laitues romaines, des oignons, des choux en petite quantité, ayant soin de couvrir les semis d'une légère couche de terreau pailleux, pour les gelées. Lorsque le semis de carottes et de radis a bien levé, il faut, pour le préserver des fortes gelées, le couvrir, en outre, pendant la nuit, de paillassons, pailles, vieux linges, faire enfin son possible pour les conserver.

On peut semer, en bonne exposition, toute sorte de pois, même en quantité, si le temps est beau, afin de les avoir précoces et d'en tirer beaucoup d'argent.

Semis sur Couches. — On commence les couches, pour divers semis tels que melons, tomates, aubergines, si on veut les avoir précoces. C'est toujours le melon *prescott* qu'on met pour premier semis.

On peut aussi semer des pois, des haricots, des cornichons si l'on veut en forcer.

Arbres Fruitiers. — Hâter, autant qu'on le peut, la plantation de tous les arbres fruitiers en général ; plus on les plante de bonne heure, mieux ils réussissent.

La taille des arbres fruitiers doit être, à cette époque,

à peu près terminée partout si l'on veut obtenir de bons résultats, c'est-à-dire, avoir des arbres vigoureux, et du fruit en abondance. A la Ferme-École nous avons toujours grande abondance de fruits depuis que je pratique la taille en automne, ce qui me porte à recommander fortement aux jardiniers et aux propriétaires du Midi la taille des arbres fruitiers en octobre, novembre et décembre au plus tard. Enlever les nids d'insectes nuisibles ; mettre stratifier les noyaux de pêches, amandes, prunes, cerises et aubépines.

Auvent. — Quoique nous soyons dans la région Sud-Ouest, si l'on a des pêchers en espalier, il faut les mettre à la fin du mois, pour être assuré du fruit chaque année. Le jour où je les pose à Bazin, je puis être assuré de deux choses : que les fruits réussiront et que les pêchers n'auront pas de cloque.

OBSERVATIONS

Engrais. — Grand nombre de riches propriétaires du Midi m'ont écrit pour me demander ce qu'ils doivent faire pour donner de la vigueur à certains arbres verts (résineux), tels que cèdres, biota, cryptomeria, wellingtonia, magnolia.

Je réponds aujourd'hui, après grandes expériences sur ce sujet, que, pour obtenir une végétation luxuriante, il faut donner, en janvier, pour le plus tard, à tous ces arbres, grande quantité d'engrais liquides, tels que poudrette délayée ou purin (jus de fumier), et non pas mesquinement, comme si on craignait de les brûler (ce qui n'arrive jamais) [1], mais abondamment, largement. On

---

[1] J'ai essayé plusieurs fois de faire périr un Cèdre du Liban en lui donnant des quantités considérables de *purin* et de *poudrette*

dit souvent que l'argent est le nerf de la guerre, je puis
bien dire ici que l'engrais est le nerf de l'agriculture.
Avec de bons engrais tout est possible, du moins, l'on
peut beaucoup ; sans leur secours on ne fait rien ou peu
de chose.

Donc, ami lecteur, à tous ces arbres, étiolés, rabougris,
abondance d'engrais liquide, seul capable de les raviver
par ses qualités fertilisantes, et vous serez étonné, je
n'en doute pas, des résultats obtenus.

Serres et Orangerie. — Je ne parlerai guère de cette
partie, car les serres sont très-rares dans nos contrées,
bien qu'elles soient le plus bel agrément de la campagne
pendant la saison mauvaise. Je dirai seulement à ceux
qui en possèdent quelques-unes qu'il faut les tenir, en
tout temps, et surtout en hiver, dans la plus grande propreté : enlever avec soin les feuilles mortes ou pour-
ries, donner de l'air si la température le permet ; om-
brager la serre si le soleil est trop ardent, pour ne pas
exposer les plantes à être brûlées ; les couvrir surtout
lorsqu'une gelée est à craindre, et pour cela, ne pas
craindre même de se lever la nuit pour entretenir, par le
moyen du poêle, la chaleur nécessaire à la conservation
des plantes.

L'orangerie ne réclame guère d'autres soins, sauf
celui de biner fréquemment la terre des pots au lieu d'arroser.

---

liquide et j'ai été toujours heureux de constater que, plus je lui en
donnais, plus il était vigoureux.

FÉVRIER

TRAVAUX DE PLEINE TERRE

Potager. — On continue les travaux du mois précédent. Si le temps le permet, on active les travaux de pleine terre, tels que labours, défoncements pour toutes les cultures dont on a besoin. Si le temps est humide, on fait les fossés pour que l'eau n'arrive jamais au potager. On travaille aussi à arracher certaines haies, les tertres, les broussailles qui l'avoisinent, pour mettre les cultures en état de rendre le plus tôt possible leurs produits rémunérateurs.

Si le mauvais temps empêche de sortir, on s'occupe à réparer les outils, on continue les paillassons et tous les travaux intérieurs non achevés.

Semis. — Ils sont à peu près les mêmes que le mois précédent en y ajoutant ceux de pois, épinards, persil, poireaux, salsifis, scorsonères, romaines.

Plantations. — Dans une bonne exposition, on doit, à cette époque, planter des pommes de terre, asperges, artichauts, oignons, choux, fraisiers, échalottes, ciboules et tout ce qui ne craint pas trop la gelée.

Couches-Semis. — Les mêmes que le mois de janvier ; mais il faut avoir soin de les renouveler si l'on veut une quantité de certaines espèces, profiter d'un jour de soleil pour donner, aux plants semés en janvier, un peu d'air pour faire grossir les plantes.

Sans cette précaution, on s'expose à les voir s'étioler et pourrir par l'humidité trop longtemps concentrée dans les coffres.

Repiquage. — Les melons, si l'on a fait une bonne

couche, peuvent être repiqués à cette époque ; mais cette opération est difficile et demande de grandes précautions. Il faut, pour réussir, une certaine habitude[1].

Arbres fruitiers. — Si l'on est en retard pour la taille, la terminer le plus promptement possible, c'est-à-dire avant que la séve entre en pleine végétation, ce qui serait trop nuisible. Du reste, ami lecteur, laissez-moi répéter, dans vos intérêts, et d'après une longue expérience : je n'admets aucune taille au printemps, ni pour arbres fruitiers, ni pour la vigne.

Tailler au printemps, c'est, selon moi, tailler contre la raison et paralyser la réussite des productions fruitières.

Il faut se hâter de palisser les arbres qui doivent l'être. Le retard rendrait l'opération difficile et même impossible à cause des bourgeons.

Il faut aussi, à cette époque, mettre de côté les greffons qui doivent être conservés pour greffes.

Pépinières. — On doit, dans ce mois, si on ne l'a pu avant, rebattre tous les sujets greffés en automne, faire les boutures de cognassier et de pruniers pour servir de plants l'année suivante, élaguer toutes les greffes d'un an qu'on veut conserver pour plein vent et raboter celles qui ne promettent pas une belle végétation. Presser avec activité les défoncements destinés à pouvoir planter tout son plant dans ce mois.

Graines. — On doit visiter toutes ses graines et faire provision de celles qui manquent, quelque temps avant l'époque des semis, et s'adresser, pour cela aux marchands consciencieux.

Je connais des marchands grainiers, et de nos contrées

[1] Voir pour la manière de procéder, page 110.

s'il faut l'avouer, qui vendent la graine de colza pour du *chou milan frisé* et allèguent, pour excuses, aux plaintes qu'on leur en fait, que c'est la fécondation qui produit cela la même année. A-t-on jamais entendu de pareilles absurdités ! Je parle cependant par expérience, car j'ai été victime de cette fraude et mille autres jardiniers pourraient en dire autant. L'ignorance excuse certainement ces marchands, mais, peut-elle entrer en ligne de compte avec les intérêts du pauvre jardinier et du propriétaire qui voit par là ses espérances déçues et ses labeurs inutiles ?

Cette raison bien pesée m'a déterminé, à tous risques et périls, à créer chez moi, à Lectoure, rue Impériale, un magasin central de toutes sortes de graines, où tout le monde peut venir puiser avec la plus entière confiance et sans craindre un vol fait à sa bourse par la mauvaise qualité des semences, et je suis vraiment heureux de pouvoir, par ce moyen, être utile aux jardiniers et aux propriétaires de nos contrées.

MARS

TRAVAUX DE PLEINE TERRE

Potager. — Les travaux de ce mois sont nombreux et demandent une grande activité. Les labours doivent être finis et le fumier enterré partout pour n'avoir à songer qu'aux semis et aux plantations qui doivent absorber toute l'attention. On débute les artichauts et on les débarrasse des œilletons nuisibles.

On travaille, dès les premiers jours du mois, les planches d'asperges avant qu'elles ne poussent ; on donne aux semis faits en janvier et février, les soins qu'ils réclament ; on travaille les ails, les échalottes, les laitues et romaines plantés en automne et l'on arrose ces premiers semis si le temps est sec, mais le matin, et pas le soir, par la crainte des gelées de la nuit. C'est aussi le moment de faire les bordures du potager, telles que oscilles, thym, etc.

Semis. — On sème dans ce mois une collection de toutes sortes de légumes de pleine terre tels que carottes [1], betteraves, radis, panais, poireaux, oignons, choux, pois, laitues, romaines, navets, salsifis, scorsonères, asperges, persil, cerfeuil, oseille et chicorée sauvage en place ou en bordures.

Il est des contrées, dans le Midi, qui sèment aussi à cette époque la chicorée d'Italie et la scarole.

Plantations. — On met en place les artichauts qui sont en pépinière depuis l'automne, les asperges, les pommes de terre. On commence aussi les grandes plantations de choux, salades de toutes sortes, de laitues et romaines qui sont toujours d'un grand débit à l'époque où elles arrivent. On ramasse et on soigne le fumier dont on doit faire les couches jusqu'à la fin mars.

Couches. — Continuer les semis de melons, aubergines, tomates, piments, tétragones ; mettre sur couches les patates, les ignames, bien que cette dernière plante ne soit pas d'un grand profit. Préparer les couches pour mettre les melons à la place où ils doivent mûrir. Si ces mêmes couches n'ont pas le degré de chaleur voulue, y remédier en refaisant les réchauds avec du bon fumier très-frais.

---

[1] Grand nombre de propriétaires souffrent de ne pouvoir réussir leur semis de carottes ; eh bien ! je leur réponds du succès s'ils suivent exactement les principes indiqués, page 76.

OBSERVATIONS

Lorsqu'on refait les réchauds, il faut avoir soin de tenir les coffres hermétiquement fermés, car le carbonate d'ammoniaque, qui se dégage en abondance du fumier de cheval, suffirait pour asphyxier les melons encore tendres. Pour éviter le même inconvénient, on doit se garder de les pailler avec cet engrais à l'état frais. On conçoit que je parle ici des melons sur couches, ceux en pleine terre n'ont rien à craindre.

On taille les melons au fur et à mesure de leur développement et jusqu'à ce que les fruits soient noués à trois ou quatre feuilles.

On repique le plant des tomates, sur couches pour la provision, et dans des caisses pour la vente.

Arbres fruitiers. — A cette époque la taille en est faite partout; mais on doit alors surveiller le développement des bourgeons pour les diverses formes à donner. Si on s'aperçoit que quelque œil reste en retard, on doit obvier à cet inconvénient en forçant la séve à se porter plus abondamment vers les parties faibles, et cela au moyen de crans et incisions.

On éborgne les yeux inutiles ou mal placés, et on greffe en fente et en couronne.

Pépinières. — Continuer la plantation de cognassiers, pêchers, abricotiers, pruniers, poiriers, pommiers sur franc, doucins, paradis.

Vers la fin du mois mettre en place les amandes et avoir soin, en les plantant, de pincer l'extrémité du pivot pour les faire ramifier.

On sème aussi, en planches, et très-épais, les noyaux

de pêchers, pruniers, cerisiers, abricotiers, Ste-Lucie, et les pepins de pommiers, poiriers et aubépines.

Jardin d'agrément. Fleurs. — On ne doit pas oublier, en faisant les semis et plantations de toute sorte de fruits et de légumes, qu'un jardin sans fleurs est presque un corps sans tête. Oui, il faut à l'œil et au cœur de l'homme de ces plantes charmantes, consolatrices muettes de nos infortunes. Et, si de hauts dignitaires ont doté certaines cités méridionales de jardins publics d'agrément, c'est qu'ils ont compris l'heureuse influence morale qui en résultait. En effet, n'est-ce pas au doux spectable des merveilles de la nature, que nos tristesses trouvent souvent un adoucissement, et, c'est bien là aussi que la bouillante jeunesse, avide de jouissances et attirée par le beau, trouve, sans l'y chercher, un charme secret, un sentiment de bonheur que lui refusent toujours les plaisirs mondains.

Semis. — On sème sur couches et par collection toutes les plantes annuelles et vivaces telles que balsamines, reines-marguerites, caréopsis, collinsia, œillets, pourpiers, phlox de *Drumond,* zinnia, rose d'Inde, trémière, pensées, immortelles, pétunias, giroflées, belles-de-nuit, ageratum, sauges éclatantes rouges, verveines, phacélias *clarkia,* et toutes celles qu'on veut cultiver. On sème en place, et presque toujours en bordures le long des principales allées du potager, thlaspi, coquelicots, pavots, pieds-d'alouette, pois de senteur, cynoglosse, silène; en place, en corbeille, belle-de-nuit, belle-de-jour, réséda, eschsholtzia, et sur couches, tous les tubercules de canna, de dhalia, belle-de-nuit et datura.

AVRIL

TRAVAUX DE PLEINE TERRE

Lorsque le temps est beau, il faut ne pas perdre un instant, mais activer par tous les moyens possibles le développement des semis faits dans le mois précédent; ainsi, biner, sarcler, arroser même avec de la poudrette ou de la colombine liquide ceux qui laisseraient à désirer.

C'est le moment de mettre en place les porte-graines conservés pendant l'hiver, tels que rutabagas, panais, carottes, betteraves, céleris, raves, navets, et faire les semis et plantations de melons et courges. Repiquer en pépinière d'attente tous les plants qui en auraient besoin, et ne pas négliger de cueillir régulièrement tous les deux jours les asperges et les artichauts qui, pendant ce mois, produisent abondamment.

Arrosement. — Si le temps est sec, arroser abondamment et de préférence le matin.

Semis — On continue tous ceux qui n'ont pu être faits en mars, tels que choux-fleurs, choux-rave, rutabagas, choux de Bruxelles, pourpier doré pour salade, poirée ou carde, cardons en place ou en pépinière. Faire des semis de radis tous les quinze jours pour en avoir toujours de tendres, et vers la fin du mois, celui de haricots.

Couches. — Veiller soigneusement aux semis, repiquages et plantations qu'on laisse souvent s'étioler et périr par sa faute [1].

---

[1] Pour les soins généraux à donner, voir page 112.

Continuer les semis qui n'ont pu être faits en mars, y ajoutant ceux de céleri, chicorée de Meaux, scarole et courge en pots pour transplanter en mai.

Les fleurs qui n'ont pu être semées sur couches en mars doivent l'être nécessairement pendant ce mois; mais il faut, pour réussir, avoir égard au volume des graines. Ainsi, celles de pourpier, pétunias, tabac, etc., demandent une si mince couche de terrain, qu'un bon arrosement leur donne la quantité nécessaire à leur germination.

Arbres fruitiers. — On commence le pincement des pêchers en espalier, opération délicate et qui demande les plus grandes précautions; surveiller soigneusement le développement des formes, voir si l'équilibre est maintenu de part et d'autre. Continuer les greffes en fente ou en couronne qui n'ont pu être terminées. C'est aussi le dernier moment des plantations d'arbres fruitiers, passé cette époque, il serait trop tard.

Pépinières. — Achever, dans ce mois, les plantations et travaux de pépinières qui consistent :

1º A travailler tous les carrés profondément à la bêche et toujours par un beau temps, s'il est possible.

2º Ébourgeonner les sujets greffés en automne afin de favoriser un vigoureux développement de tous les écussons.

3º Faire une guerre acharnée à quantité de chenilles, qui, depuis quelques années, assiégent nos plantations, et qui ne doivent pourtant jamais se trouver dans une pépinière bien tenue.

Jardin d'agrément. Fleurs. — Vers la fin de ce mois, il faut mettre en pleine terre les plantes et les boutures conservées pendant l'hiver, telles que géranium, verveincs fushia, cuphéa lantana héliotrope, bégonias, datura, caladium (tubéreuses en pot) et continuer le semis des plantes qui doivent se succéder en pleine terre.

La pleine terre donne déjà beaucoup de fleurs qu'il faut travailler avant leur entier développement. Telles sont celles de dielytra, spectabilis, muguet, tulipes, violettes, pensées, silènes, primevères, paquerettes doubles, etc., etc. Il faut, sur toutes choses, veiller à l'ordre et à la netteté qui font le plus bel ornement d'un jardin d'agrément.

MAI

TRAVAUX DE PLEINE TERRE

C'est le moment le plus intéressant de l'année par la douceur de la température et la diversité des travaux. Aussi voit-on l'intrépide jardinier se refuser un moment de repos et activer ses cultures par tous les moyens possibles.

C'est dans ce mois qu'il faut, dit-on, voir promener une fourmi à dix mètres de distance, dans les allées du jardin, ce langage hyperbolique montre la double nécessité d'un travail actif et de la plus sévère propreté dans un jardin potager.

Semis. — C'est le vrai moment de faire, pour nos contrées, les grands semis de choux *milan* dont le produit est très-lucratif. Lorsqu'on travaille pour la vente, il faut en semer plusieurs planches très-épaisses pour avoir du plant en abondance. Si le temps promet un été sec, c'est un indice certain que le plant se vendra très-cher.

On fait aussi en grand les semis de haricots, choux-fleurs, chicorée, scaroles, choux - brocolis, cornichons, pastèques, cardons et celui des légumes commencés en avril.

Plantations. — C'est le moment des grandes plantations de melons, tomates, courges, aubergines, piments, patates, choux, salades, poireaux et de tous les plants semés en mars et avril.

Rien ne doit être négligé : le jardin doit présenter la collection la plus variée des légumes de l'époque.

Couches. — Dans ce mois on n'a plus besoin d'en faire, mais il faut porter toute son attention sur les légumes qu'on y a semés ou plantés, afin de ne pas s'exposer à manquer, par sa faute, les cultures de primeurs. Veiller soigneusement les melons prêts à mûrir et hausser les coffres pour peu qu'ils gênent leur développement. On peut même les ôter tout-à-fait, si la température est douce ; mais, si l'on veut une culture très-hâtive, on les laisse jusqu'à la fin de juin. Enfin, si l'on redoute, pour ces fruits, l'effet d'un soleil trop ardent, il suffit de barbouiller légèrement le châssis d'une bouillie composée de blanc d'Espagne et du lait après avoir fait bouillir le tout ensemble.

Arbres fruitiers. — Il faut, à cette époque, les veiller comme de jeunes enfants si on veut assurer une bonne réussite ; et, lorsqu'on voit un œil, un bourgeon, une branche se développer outre mesure, il faut avoir recours aux moyens usités qui sont le pincement, les crans ou incisions et le redressage des parties faibles.

C'est le vrai moment du pincement général pour tous les arbres ; mais, quelle que soit la force des sujets, il faut le faire modérément si l'on veut obtenir de bons résultats.

Ne pas négliger le palissage de tous les arbres surtout de ceux en espalier. Surveiller les greffes afin de supprimer les faux bourgeons et les insectes nuisibles.

Taille en vert de tous les pêchers et abricotiers en plein vent. Suppression de fruits dans un arbre ou une branche trop faible.

Pépinières. — Continuer avec ardeur les grands travaux qu'elles exigent et ne faire grâce à aucune de ces herbes inutiles ou nuisibles qui les assiégent quelquefois et montrent clairement la négligence du jardinier. Surveiller le développement des écussons et toujours guerre à outrance aux chenilles.

Jardin d'agrément. Fleurs. — Si la température d'avril n'a pas permis de mettre en place les fleurs cultivées sous bâches et châssis, il ne faut plus retarder ce travail, les plantes étant mieux, à cette époque, en pleine terre qu'en pots.

Semis des collections les plus variées. Repiquage en pépinières d'attente, de tous les plants assez forts ; arrangement des massifs, corbeilles et plates-bandes qu doivent les recevoir. Sortir les plantes enfermées dans la serre ou l'orangerie, mais ne faire, autant que possible, cette opération que par un temps pluvieux et très-doux. Grouper autour du château et en massifs celles qu'on cultive en pots, mais habilement sur des gradins, de manière que l'œil soit très-flatté.

JUIN

TRAVAUX DE PLEINE TERRE

Potager. — Les travaux de ce mois sont nombreux et très-variables. Les semences confiées au sol, germent et se développent spontanément, mais, l'homme sait que malgré le travail de la nature, il doit par tous les moyens possibles activer ses cultures.

C'est le moment de donner aux cultures de fréquents binages à la bêche ou binette, selon l'état et la nature des plantes. Il faut aussi lier les chicorées et les scaroles pour la vente ou la consommation ; pratiquer la taille des melons de pleine terre, des tomates, courges, etc., et mettre en place, si on veut, les plants de chicorée, scaroles, céleris qui sont très-délicats, mais le faire préférablement le soir, ayant soin de les couvrir pour le lendemain si l'on veut obtenir un bon résultat. A cette époque on récolte les melons, asperges, artichauts, fraises, pommes de terre, ails, pois, carottes, tomates, etc.

Arrosements. — Si le temps est sec, ce qui n'est pas rare dans nos contrées, il faut arroser abondamment matin et soir : c'est le vrai moyen de donner aux cultures la force et la vigueur.

Semis. — On fait ceux de chicorées, scaroles, romaines, radis gris d'été et autres, celui surtout de haricots pour manger en vert. Dans un jardin potager bien conduit, on en a toujours jusqu'en octobre.

Plantations. — On continue celles de tomates, melons, aubergines, piments, cardons, patates.

La chaleur, pendant ce mois, augmentant graduellement, on plante en grand toutes les salades, romaines, chicorées, scaroles, et du céleri pour l'avoir précoce.

Couches. — Les travaux sur couches commencent à diminuer. Les chaleurs étant très-fortes, on peut enlever, si on ne l'a déjà fait, tous les coffres et les châssis, par une belle matinée de pluie, et les mettre à l'abri. Les melons demandent, à cette époque surtout, de très-copieux arrosements; il faut les leur donner, c'est le seul moyen d'arriver à de bons résultats.

Les premiers melons récoltés, il faut faire en sorte que ceux de la seconde saison arrivent aussi à point.

Arbres fruitiers. — Les principaux soins à leur donner sont l'examen du développement des productions fruitières et herbacées pour les faire arriver au but qu'on leur destine. Lorsqu'après une abondante floraison, les arbres se trouvent surchargés de fruits, il faut en supprimer une certaine quantité, mais attendre, pour cela, que l'arbre ait rejeté lui-même ce qu'il ne peut alimenter, ce qui arrive toujours après la formation des noyaux ou des pepins.

Pépinières. — On continue les grands travaux qui n'ont pu être faits en mai ; et, si l'on veut une pépinière en bon état, ne pas craindre de la travailler, mais, après avoir fini d'un côté, recommencer de l'autre et donner un bon binage partout où l'on a donné une première façon.

Jardin d'agrément. Fleurs. — On commence la plantation de diverses fleurs, procédant de façon que les planches ou plates-bandes forment de tous côtés des gradins, concaves ou convexes, de manière à flatter l'œil, de quelque côté qu'on les regarde.

On peut encore les mettre en gradins ou en amphithéâtre par rang de hauteur, les plus petites devant et progressivement, de manière à les voir toutes à la fois.

Cet ensemble, si on a varié les nuances le plus possible, produit toujours un charmant effet, inutile de dire que les plates-bandes, les massifs, les gazons, les allées, doivent être dans le plus grand état de propreté, car, c'est évidemment le plus bel ornement d'un jardin quel qu'il soit.

JUILLET

TRAVAUX DE PLEINE TERRE

Potager. — Les plus grands travaux de ce mois, pour nos pays, sont les arrosements, et ils doivent être d'autant plus abondants qu'à cette époque de l'année les chaleurs sont excessives ; et, sans l'eau, pas de réussite possible en ce genre sous notre beau soleil du Midi.

La culture de la tomate devenue si lucrative, pour nos contrées, prend chaque jour de l'extension dans nos potagers. Obligation donc bien rigoureuse d'arroser copieusement, car c'est une plante avide d'eau ; à cette seule condition elle est productive.

On continue la taille des melons, tomates, etc., rien, dans cette saison, ne doit être inculte. Lorsque les légumes d'une planche ou d'un carré sont enlevés le matin, ils doivent être remplacés le soir ou le lendemain.

On récolte les graines qui sont mûres telles que celles de choux, raves, radis, laitues.

Semis. — On fait encore quelques semis de haricots bagnolets gris et noirs de Belgique pour manger en vert ; ceux de radis noirs d'hiver et roses de Chine, de chicorée, scarole, pour avoir du plant bon à mettre en place, lorsqu'il en est besoin. On doit régulièrement en semer tous les quinze jours depuis avril jusqu'à la fin d'août.

Plantations. — Lorsqu'on fait irriguer les cultures comme dans la plaine de Toulouse, par exemple, on peut planter les choux-fleurs et autres, ainsi que toutes sortes de cultures en juin, et juillet si l'on veut, avec toutes chances de réussite ; mais, lorsqu'on est obligé d'arroser pour ces cultures, il vaut infiniment mieux attendre au commencement d'août, car, si on a les produits plus tardifs, en revanche, on les a très-beaux.

On plante encore dans ce mois les choux milans frisés pour les avoir précoces, et le céleri, la chicorée, la scarole.

Couches. — On ne sème plus rien sur couche, mais il s'agit de soigner les cultures qui s'y trouvent et qui réclament toujours de copieux arrosements.

Arbres fruitiers. — On continue de leur donner les soins nécessaires, tels que palissages, pincements ; on récolte les premières poires blanquet, citron des carmes, épargnes giram, poire, pêche, vers la fin de ce mois.

On greffe à œil poussant les rosiers sur églantiers pour faire de beaux massifs autour de l'habitation des maîtres.

Pépinières. — On doit, dans cette saison de grandes chaleurs, renouveler les binages le plus souvent possible si l'on veut obtenir une belle végétation. Toujours guerre à outrance aux mauvaises herbes ; on n'en doit jamais voir dans une pépinière bien tenue.

On commence le greffage à œil dormant vers la fin de ce mois ; mais, pour bien réussir, il faut prendre toujours les greffons bien aoûtés et ligaturer avec soin ; à Bazin, je me sers de laine pour cela et je m'en trouve bien. On doit surtout ne prendre les greffons que sur les arbres qu'on connaît bien sûrs comme types d'espèces.

N'en demandez qu'à des personnes très-versées dans cette partie, si l'on ne veut pas s'exposer plus tard à tromper tous ses clients.

Il faut, lorsqu'on commence à greffer, marquer sur un livre uniquement destiné à cela : 1° les espèces ; 2° le nom de celui qui a greffé ; 3° le nombre de rangs ou d'écussons de chaque espèce, et 4° enfin le numéro d'ordre dans le carré afin que, plus tard, on soit parfaitement sûr des espèces qu'on livre à la vente.

Fleurs. — Elles sont, à peu près, toutes plantées dans ce mois. Il s'agit seulement de leur donner de fréquents et profonds binages ; et, si on veut les pousser avec vigueur, un bon palis avec du fumier court qui empêche le tassement lorsqu'on est obligé d'arroser beaucoup.

Lorsqu'on ne peut procéder à l'arrangement des fleurs ainsi que je l'ai indiqué au mois de juin, on peut fort bien les mettre en plate-bande, les plus grandes au milieu, diminuant insensiblement sur chaque côté. Pour ceci, il n'y a d'autre règle à suivre que le goût du jardinier et quelquefois la volonté des maîtres.

N'oublions pas, ami lecteur, que les plantes à feuilles panachées sont, à cette époque, en grande vogue à Paris et dans tout le Nord de la France. Tâchons donc de nous les procurer ; elles auront, n'en doutons pas, un bien plus bel aspect sous notre beau ciel du Midi. Nous avons déjà les coleus, verschaffeltii, les roseaux penchés et les amaranthes tricolores et rouges qui produisent le plus charmant effet.

AOUT

TRAVAUX DE PLEINE TERRE

Potager. — Les travaux les plus pénibles et les plus importants pour la culture maraîchère pendant ce mois, sont sans contredit, les arrosements; et ils sont cependant d'autant plus urgents, que pas une plante annuelle ne réussit sans leur secours. Il faut donc arroser copieusement matin et soir si l'on ne veut s'exposer à tout perdre ; donner de profonds binages partout où cela est possible ; c'est le seul moyen de conserver la fraîcheur dans le sol et de concentrer les phénomènes capillaires extrêmement utiles aux plantes en pleine terre.

Arroser beaucoup le céleri et ne pas négliger de le butter à mesure qu'il croît, pour le faire blanchir. Attacher dans ce même but les cardons qu'on destine pour la vente et les butter fortement aussi haut que possible. Récolter les graines de pois, fèves, carottes, betteraves, choux, etc. Arracher les pommes de terre qui ont cessé de pousser.

Semis. — Les semis de ce mois, pendant la première quinzaine, sont ceux des plants qui passent vite, tels que radis, cerfeuil, salade. Dans certaines contrées, on sème, vers la fin de ce mois, l'oignon blanc, les épinards, choux bacalan, d'York, cœur-de-bœuf, Strasbourg, Dax, Poméranie, Vaugirard (ou St-Denis), Nantais femelle brocolis. On doit avancer ou retarder ces semis selon le climat où l'on se trouve. On sème aussi la raiponse, rave et navets pour l'automne et l'hiver, et des haricots pour les manger en vert ; mais on n'est pas sûr de les récolter à point à cause des gelées précoces.

On peut encore semer le cresson des fontaines, dans les fossés remplis d'eau courante pendant l'hiver, ayant ôté préalablement les mauvaises herbes et tout ce qui pourrait étouffer le semis. Lorsqu'il a levé on le fume avec de l'engrais très-court ou du terreau ; ainsi soigné, il donne abondamment tout l'hiver.

Plantation. — C'est vers le 15 de ce mois que se font les grandes plantations de choux milans frisés pour la provision d'hiver des propriétaires de la région. On choisit de préférence pour cela un temps humide ; cependant quoiqu'il pleuve pendant ce travail, il est nécessaire de l'arroser pour le faire réussir.

On doit préparer le terrain par une bonne fumure et un profond labour, et mettre généralement entre les plants 60 centimètres en tous sens pour le petit milan frisé. Le milan des *vertus* doit être espacé de 90 centimètres et d'un mètre même, si on veut l'avoir très-beau. Mais, quelle que soit l'espèce de choux, il faut que le plant soit enterré jusqu'aux premières feuilles.

On continue aussi les grandes plantations de céleris, chicorées, scaroles, romaines et laitues, mais celles-ci pas très-profond ; il faut que le collet de la plante puisse flotter sur la surface du terrain.

Arbres fruitiers. — Il faut profiter de la seconde ascension de séve qui arrive toujours dans ce mois pour la greffe des boutons à fruit.

Les résultats obtenus par cette greffe sont si avantatageux que je ne puis résister au désir de les faire connaître à mes lecteurs. Elle a pour but : 1° de mettre à fruit les arbres les plus rebelles ; 2° de doubler presque toujours les produits qu'on aurait obtenus avec les mêmes fruits sur le pied-mère ; 3° de mettre une collection des plus beaux fruits sur le même arbre.

Pépinière. — On continue la greffe des sujets qu'on veut écussonner. Ne pas perdre de vue celles qu'on a greffées au commencement de juillet, pour les desserrer si elles sont trop comprimées. Donner des binages toutes les fois qu'il en est besoin.

Fleurs. Semis. — Semer le réséda en pots pour l'avoir fleuri tout l'hiver dans les appartements, et les cinéraires, primevères, etc., pour les avoir de toute beauté à la fin de l'automne et au commencement de l'hiver.

On sème en pleine terre, et dans un coin mi-ombragé de manière que le soleil n'y arrive que très-obliquement : calcéolaires, gloire de Versailles, clarkia pulchella, coque lourde frangée, œnothère de *Drumond,* ipomopsis élégant, jolie plante, délicate, craignant l'humidité ; l'élever en pots pour la mettre en pleine terre vers la fin de mai : mimulus (variétés), matricaire double, œillet de la Chine double, phlox *Léopold,* verveines de *Miquelon.*

Toutes ces plantes doivent être conservées en serre pendant l'hiver. On continue la plantation de toutes celles qu'on a en pépinières annuelles ou vivaces. On plante encore les reines-marguerites, balsamines, pourpiers à grandes fleurs et autres, pour avoir une belle floraison en septembre et en octobre, ce qui n'arriverait jamais dans nos contrées, si on hâtait trop ce genre de plantation.

On continue à donner aux plantes les arrosages et les binages que réclame leur développement. Il faut aussi ne pas oublier qu'elles sont avides d'engrais liquide et leur en donner en suffisante quantité. Arroser abondamment les massifs sur pelouses, tels que sauges écar-

lates, phlox, pétunias, géraniums, héliotrope, amaranthes panachées, verveines, pour avoir plus tard des
corbeilles bien garnies.

SEPTEMBRE

TRAVAUX DE PLEINE TERRE

Potager. — Les mêmes soins pour toutes les cultures
sont encore de rigueur : ainsi les arrosements sont in-
dispensables matin et soir si les chaleurs continuent au
même degré, et ce n'est pas rare dans notre brûlante
Gascogne. Au fur et à mesure que les carrés ou planches de chicorée, scarole, romaines, etc., disparaissent,
travailler le terrain pour les cultures qui doivent leur
succéder et qui sont à peu près les semis d'hiver.

Lorsqu'on voit, en cette saison, des espaces incultes,
cela ne prouve pas en faveur du jardinier, qui ne devrait pas oublier que, plus la terre est travaillée,
plus elle est fertile, se trouvant, par là même, en contact
avec les agents atmosphériques qui lui fournissent le
principe vital indispensable à toutes les plantes. Continuer le buttage du céleri, des cardons et de copieux
arrosements aux choux-fleurs avant que les fruits ne
marquent. C'est le seul moyen de les avoir de toute
beauté.

Semis. — C'est dans ce mois que se font dans nos
contrées les grands semis d'automne qui doivent passer
l'hiver en pleine terre, tels que ceux d'oignons, poireaux,
radis pour porte-graines [1], chou bacalan femelle, St-

---

[1] C'est ainsi que pour tous nos semis nous différons de Paris
et de ses environs où l'on sème les radis porte-graines au printemps.

Denis, Nantais, d'York, pain de sucre, cœur-de-bœuf, Poméranie, chou de *Dax,* et enfin tous ceux qui sont en usage dans les contrées qu'on habite. Inutile de dire qu'il est prudent d'en semer diverses espèces pour en avoir toute la saison d'été. On sème aussi la laitue de passion, la brune d'hiver, la romaine d'hiver et toutes les espèces usitées dans la localité. Dans certaines contrées favorisées du Midi de la France, telles que Perpignan et Marseille, on commence à cette époque les semis de pois et tomates pour les récolter en février, mars et avril. On conçoit combien cette vente est lucrative à cette époque où les légumes manquent partout. Aussi, ces villes fournissent-elles le produit de leur industrie, non-seulement aux contrées environnantes, mais même à Paris et dans tout le Nord.

Ce qui prouve que, pour notre région, il faut savoir hâter ou retarder les cultures selon le terrain, l'exposition ou le climat.

On doit semer, dès les premiers jours du mois, si on ne l'a fait en août, la scarole d'hiver, la meilleure salade d'hiver pour notre région, à cause de sa grande beauté en cette saison [1]. Cette scarole est un vrai trésor pour les jardiniers du Midi, car elle se vend jusqu'à 10 centimes pièce tout l'hiver.

Plantations. — Celles de ce mois sont peu nombreuses. On continue celles de céleri, chicorée, scarole, laitue de passion, quelques planches pour en avoir de très-précoces ; mises au pied d'un mur et au Midi, elles

[1] J'en ai mesuré le 25 décembre 1866 qui avaient de 70 à 80 centimètres de circonférence, au jardin de M. Dutau, situé au Midi de la ville de Lectoure.

arrivent à bon point et sont d'un très-grand débit à cette époque où les salades sont si rares.

On plante aussi, à cette époque, toutes sortes de fraisiers pour qu'ils soient bien repris avant les grandes gelées.

Arbres fruitiers.— C'est un des mois les plus intéressants par ces arbres de beaux et bons fruits. On jouit déjà de quelques bonnes espèces pour cette saison, telles que Bon Chrétien, Williams, (la reine des poires d'été), Belle de Bruxelles, Seigneur Espéren, Beurrée d'*Amanlis*, Loùise-bonne-d'Avranches, Conseiller de la Cour, des Deux Sœurs, Doyenné blanc, Doyenné sieulle, Bonne d'*Ézée*, Doyenné du *Comice*, Jalousie de *Fontenay*, Fondante des bois, Triomphe de *jodoigne* et plusieurs autres.

Lorsqu'on veut manger tous ces fruits d'été avec le doux parfum qui leur est naturel, on doit les cueillir, quelques jours avant leur complète maturité. La Belle de Bruxelles, par exemple, laissée mûrir sur l'arbre est une poire farineuse détestable cueillie quinze jours avant sa parfaite maturité, elle est fondante et de première qualité. Mais pour être bon juge en ce point, il faut être bon praticien et savoir récolter et déguster chaque fruit, en son temps. C'est aussi le grand moment de la récolte des pêches ; mais il faut, si on veut les manger avec toute leur saveur, les cueillir un ou deux jours avant leur maturité, et avoir soin, si on les veut de toute beauté, d'enlever par un coup de brosse, le duvet qui les enveloppe. Presque immédiatement après la récolte des pêches, on enlève aux arbres les pédoncules des fruits ; on supprime les branches fruitières qu'on ne peut plus conserver pour l'année suivante.

Pépinières. — S'il reste quelques carrés à greffer, on doit s'empresser de le faire, alors qu'il y a encore de la séve ; plus tard, il ne serait plus temps d'y revenir. Il faut toujours surveiller et visiter même les greffes du mois précédent afin d'empêcher que la compression sur la surabondance de séve n'étouffe l'écusson. Regreffer ceux qui auraient manqué.

Fleurs. — Lorsqu'on veut avoir une belle floraison de plantes annuelles et vivaces, qui font toute la beauté d'un parterre en avril, mai et juin, il faut les semer pendant ce mois et non au printemps. Celles qui veulent être semées en automme sont : les agrostis pulchella, baeria Chrysostoma, caréopsis élégant, collinsia à grandes fleurs, coquelicot double en place, gilia tricolore, immortelle borussorum, Julienne de *Mahon,* lin à grandes fleurs rouges et blanches, lobelia brinus, mimulus speciosus, nemophila, pavot double en place, pied d'alouette en place, silène blanc et rose, souci double, Véronique de Syrie. Toutes ces fleurs réussissent à merveille si on les sème en automne.

OCTOBRE

TRAVAUX DE PLEINE TERRE

Potager. — Dans ce mois les cultures de primeurs tels que tomates, melons, aubergines, patates, cornichons et courges disparaissent et on exécute les grands travaux de labour pour la culture de choux, fèves, salades, oignons, poireaux, ails, en ayant soin de bien fumer les carrés qu'on laboure dans cette saison, soit pour les cultures présentes, soit pour celles à venir. C'est le cas de fumer abondamment et longtemps à l'avance le terrain destiné aux carottes si on veut les avoir belles. On continue de donner aux cardons et aux céleris les soins qu'ils réclament.

DRAINAGE

On peut faire cette opération sans gêner nullement les cultures, et cette époque est, sous tous les rapports, le temps le plus opportun pour la réussir. Et d'abord, on est moins pressé pour les travaux, et le terrain, n'étant pas encore saturé d'humidité, n'est nullement endommagé et l'opération réussit à merveille. Mais comment savoir qu'un jardin a besoin d'être drainé, car c'est là le point essentiel. Voici, selon moi, les marques auxquelles on peut le reconnaître :

1º Si, par l'effet des fortes chaleurs, le terrain se gerce, se fendille et forme des mottes difficiles à dilater.

2º Si le terrain ne sèche jamais ni en hiver, ni au printemps, et que les plantes y gèlent facilement, on est sûr que le sous-sol est imperméable et que le drainage est de rigueur. Cette opération produit des biens immenses surtout dans la culture maraîchère. Les jardiniers et les propriétaires qui ont l'heureuse idée d'assainir ainsi leur terrain, trouvent, dans l'abondance et la qualité des récoltes, la récompense de leurs travaux. On a vu des résultats admirables. Des terres complétement improductives sont devenues fécondes à la suite de ces opérations. J'ajoute encore, ami lecteur, que le drainage, exécuté avec intelligence, délivre l'air d'exhalaisons qui engendrent la fièvre et autres maladies sérieuses. Il y a donc encore un motif de santé qui devrait engager à pratiquer ces assainissements. Il est regrettable que certains jardiniers et propriétaires de notre région s'exagèrent les dépenses de ces améliorations ; mais s'il est démontré qu'elles produisent au moins un bénéfice de 20 à 25 p. %, pourquoi ne pas les faire ?

Semis. — On commence celui de la fève d'Espagne, à longue gousse, qu'on met en planches ou carrés espacés de 60 à 70 centimètres en tous sens. Dans les régions méridionales, on continue les semis de pois, tomates, carottes, radis.

Plantations. — On fait celle des légumes semés en septembre, tels que choux, laitues, romaines, ails et échalottes.

Arbres fruitiers. — A cette époque, les arbres privés de leurs fruits se dépouillent aussi de leurs feuilles, et c'est, d'après des expériences faites, le moment le plus opportun pour la taille de toutes sortes d'arbres ; c'est celui que je choisis à la Ferme-École. Les bons résultats que j'en ai obtenus me portent à recommander cette taille aux jardiniers et aux propriétaires dans leurs véritables intérêts, bien entendu.

C'est le moment de la cueillette des fruits d'hiver qu'on doit faire par un temps sec et de préférence le soir, après que la chaleur a baissé. Il n'y a pas, à mon avis, grand avantage à hâter la récolte de ces fruits ; je crois, au contraire, qu'ils gagnent en grosseur et en qualité si on les laisse en place jusqu'à la chute des feuilles.

Pépinières. — Les soins à donner sont absolument ceux du mois précédent.

Fleurs. — On continue, pendant ce mois, les semis qui n'ont pu être finis en septembre, mais sans nul retard si l'on veut qu'ils réussissent. C'est à cette époque, et avant les gelées, qu'on doit rentrer les tubercules qui doivent être conservés, tels que ceux de dahlias, cannas, datura, belle-de-nuit.

On doit commencer à planter les fleurs à caïeux ou bulbeuses, telles que anémones, colchiques, iris, jonquilles, lis, muscari, narcisses, pivoines, renoncules, tulipes et les dielytra qui réussissent parfaitement en pleine terre et donnent, un des premiers, des clochettes roses, gracieuses, élégantes et du plus bel effet.

NOVEMBRE

TRAVAUX DE PLEINE TERRE

Potager. — Les travaux de ce mois sont assez nombreux : ainsi, il faut, avant les premières gelées, ramasser les racines qui ne peuvent passer l'hiver en pleine terre ; faire les plantations d'arbres fruitiers, et continuer les labours si le temps le permet. Couper les tiges d'asperges à 10 centimètres au-dessus du niveau du sol et profiter d'un beau jour pour les déchausser, les travailler et les activer par le moyen de bon fumier, qu'on met le plus près possible du turion des griffes. On enterre ce fumier et on le couvre jusqu'à la cueillette, qui est trèshâtive si le temps est beau.

C'est aussi le moment de bêcher très-profondément les artichauts, de les fumer et de les butter si le temps le permet. Dans les environs de Marseille et de Perpignan, au lieu de butter les artichauts avec la terre, on enlève les œilletons, on travaille les pieds et on les fume fortement autour de ces derniers ; on attend ainsi le fruit qui arrive toujours en janvier ou février. Ce qui prouve ce que j'ai avancé déjà : qu'il faut pour toutes cultures envisager avant tout le terrain, l'exposition, le climat, pour faire chaque chose en son temps. Commencer dans ce mois les défoncements, extraire les rocs, enlever les haies, les broussailles qui gêneraient les cultures, continuer le drainage s'il n'est pas achevé. On a, dans ce pays, l'habitude de planter les asperges à cette époque ; il serait cependant, à mon avis, préférable de le faire en février et mars.

Semis. — On continue le semis de fèves et on commence celui des pois qui résistent en pleine terre, en ayant soin de leur donner un terrain sec, très-léger et une exposition méridionale. Dans ce mois se font les grandes plantations d'ails, choux, romaines, laitues, oignons, poireaux qui n'ont pu être faites en octobre.

Arbres fruitiers. — Continuer la taille des arbres fruitiers ; et, s'il en est quelques-uns de grande vigueur et difficiles à mettre en fruit, il faut commencer l'opération par ceux-là ; l'expérience m'ayant appris que, plus un arbre est vigoureux, plus il faut en hâter la taille, car on le charge par ce moyen de productions fruitières. Cette opération terminée, faire la charpente des arbres palissés. Après ce travail labourer les plates-bandes, mais ne pas oublier de répandre un lait de chaux sur les tiges des charpentes avant les grandes pluies, pour empêcher l'invasion de la mousse pendant l'hiver.

Pépinières. — C'est le grand moment de la vente d'arbres fruitiers. Cette œuvre exige les soins les plus minutieux de celui qui tient à l'honneur de son établissement et à la réputation de sa pépinière.

Lorsqu'on a des pépinières dans les champs, exposées au maraudage, on ne peut y laisser les étiquettes, mais il faut à l'époque de la vente, vérifier, rang par rang, à l'aide du registre dont j'ai fait mention à l'article de la greffe, les sujets qu'on veut livrer, en ayant soin de n'étiqueter que ceux dont on est parfaitement sûr afin de ne commettre aucune erreur ; et si l'on doute de quelques-uns, mieux vaut les garder que s'exposer à tromper ; on a du moins la conscience tranquille. Enfin il est de la dernière importance, pour celui qui a des achats à faire, de s'adresser directement à un pépiniériste très-versé dans cette partie et connaissant parfaitement le fruit ; mais jamais aux revendeurs qui n'achètent guère que le rebut des pépinières et trompent par conséquent à peu près toujours les propriétaires.

Fleurs. Plantations. — On fait celle des plantes bulbeuses, ainsi que les crocus, arum, serpentaire, fritillaire, couronne impériale, glaïeuls qui aiment une terre douce, légère et très-riche d'engrais. On peut, pour cet effet, leur donner l'engrais liquide ; on se sert même avec avantage de terreau, mais en grande quantité. Les cyclamens se plantent presque toujours en pots qu'on met plus tard à une très-douce température à la serre ou dans un appartement quelconque, où il fleurit tout l'hiver. On en plante également en pleine terre sur pelouse et la floraison, qui est de toute beauté, arrive en septembre, octobre et en novembre.

DÉCEMBRE

TRAVAUX DE PLEINE TERRE

Potager. — Les travaux de ce mois sont les mêmes que le mois précédent ; ainsi on doit terminer les labours, les défoncements, préparer les asperges, les artichauts pour l'hiver si on ne l'a déjà fait.

Quoiqu'il faille faire, à cette époque, les labours du potager, il faut cependant se garder de les exécuter par un temps pluvieux, car on nuirait infailliblement aux cultures, mais choisir un jour sec et beau.

Semis. — Ceux de ce mois sont à peu près nuls à cause des fortes gelées.

Plantations. — Les seules qu'on puisse faire dans ce mois sont celles d'arbres fruitiers.

Quant aux plantes potagères, il est à peu près inutile d'y songer.

Arbres fruitiers. — Il faut en continuer la taille si le temps est beau, mais la suspendre si de fortes gelées surviennent.

Pépinières. — La vente d'arbres fruitiers continuant, il faut veiller soigneusement à ce qu'ils soient arrachés avec le plus de chevelu possible pour assurer leur reprise, et qu'aucune erreur ne se glisse dans les expéditions ; pour cela étiqueter exactement chaque espèce ; et, lorsqu'on fait des envois au loin, veiller à ce que les emballages soient bien conditionnés pour que les greffes n'aient pas à souffrir dans le trajet. Je dois recommander aussi de n'arracher ni expédier des greffes pendant les fortes gelées, et cela au profit des parties intéressées.

IV

Description détaillée des cultures spéciales

—

TOMATE

Solanum Lycopersicum (famille des Solanées [1].)

La tomate est une des plantes potagères qui donnent le plus de profit quand sa culture est bien soignée.

Celle que nous avons adoptée, dans nos contrées de Lectoure, nous semble, par les bons résultats qu'elle nous a donnés, la meilleure de celles connues jusqu'à ce jour.

Semis. — On sème les premières tomates dans la première quinzaine de janvier, sur couches chaudes, en quantité plus ou moins grande, eu égard aux châssis qu'on peut leur consacrer pour les repiquer.

[1] J'ai cru, dans l'intérêt des jeunes horticulteurs du Midi, devoir prendre pour base chaque famille avec les noms botaniques.

La botanique doit toujours être la pierre fondamentale de l'horticulture; il en est des plantes comme de l'espèce humaine, lorsqu'on connaît les individus, on connaît les familles, et réciproquement.

Lorsque le plant est assez grand, un mois ou un mois et demi après le semis, on fait une nouvelle couche avec de bon fumier, en tassant bien le tout ensemble et en ayant soin de l'arroser; puis, on pose les coffres et les châssis pour hâter la fermentation (chaleur); ensuite, on étend sur la couche déjà bien chauffée, une épaisseur de 25 centimètres d'un mélange de terre et de terreau. On laisse encore chauffer ce terreau pendant vingt-quatre heures, et avant de repiquer, on a soin de labourer la terre de la couche, afin que le terreau, qui se trouvait sur le fumier et qui est toujours plus chaud, soit ramené à la surface. (Il faut faire attention que la température de la couche ne soit pas trop chaude pour que le plant ne se trouve pas brûlé en le repiquant).

Si on a besoin de beaucoup de plant à cause de la vente, il faut, au commencement de février, semer sur couches très-épais, dans les premiers jours de mars, repiquer le plant dans des caisses de 5 à 8 centimètres en tous sens. Par ce moyen, le plant grossit progressivement et ne s'allonge pas outre mesure, comme cela arriverait s'il était repiqué trop serré. Une fois le plant repiqué, on l'arrose copieusement et on remet les châssis, en ayant soin, si on a repiqué par une journée chaude, de les couvrir avec des paillassons, ou bien en mettant sur le verre du paillis, des feuilles ou même des branches qui garantissent le plant, encore tout tendre et herbacé, des rayons solaires qui le feraient périr. On le laisse ombré, selon que la couche est plus ou moins chaude, généralement vingt-quatre heures.

Après le repiquage, le plant s'étant relevé, on commence à lui donner un peu d'air, tout en le protégeant contre le soleil.

Repiquage. — C'est du repiquage que dépend toute la beauté du plant et la réussite du produit; il est donc urgent de laisser le plus de distance possible entre les plants en les repiquant. Il n'est pas besoin non plus de faire venir tout son plant sur couches de primeurs pour la raison bien simple qu'il faut avoir des tomates toute la saison, c'est à-dire depuis juin jusqu'à fin octobre. Il suffit, si on veut forcer le plant à produire des fruits précoces, de lui laisser le plus de distance possible.

Arrosement. — Il faut, autant que possible, ménager l'eau au jeune plant : plus il souffre la soif, plus il devient beau, gros et court, se couvre vite de ses premières fleurs qu'il faut conserver soigneusement, car ce sont elles qui donnent les premiers fruits, et ces fruits sont ceux qui rapportent le plus.

L'évaporation seule, dans une couche chaude, suffit pour donner assez d'humidité au plant.

Le moment de planter arrivé, on débarrasse le plant du châssis qui le couvre, afin de l'acclimater au plein air avant sa mise en place; par ce moyen il souffre peu de la transition et pousse bientôt avec plus de facilité.

Culture. — La tomate demande une terre douce, franche et très-riche d'engrais. Aussi, lorsqu'on cultive la tomate sur une vaste échelle, pour la vente, on lui réserve toujours un carré ou deux qu'on a soin de bien fumer en automne, afin que, pendant l'hiver, l'engrais se décompose et que les tomates puissent absorber celui qui leur est nécessaire pour hâter leur grand développement.

Lorsque le plant a atteint 25 ou 30 centimètres, il faut le mettre en place; mais l'expérience nous a prouvé que, dans nos contrées du sud-ouest, on ne peut planter avant la première quinzaine de mai sans s'exposer à perdre tout ce qu'on met en pleine terre. On ne peut se hasarder que lorsqu'on a du plant en abondance et qu'on ne craint plus les gelées.

On réussit quelquefois dans cette manière de faire, pourvu que des gelées tardives ne surviennent pas, mais cela est rare. Il est donc plus prudent d'attendre que d'exposer ainsi ce qui a coûté des soins et de la peine.

Plantation et mise en place

EN PLEINE TERRE

Le terrain bien préparé, on n'a plus qu'à le disposer en planches pour recevoir le plant.

Généralement, lorsque le temps nous le permet, nous préférons fixer les piquets avant de planter les tomates. Par ce moyen, on n'est pas exposé à endommager la racine trop faible de ces jeunes plantes.

Ceci est une précaution à prendre, mais on peut fort bien n'y pas faire attention si le temps est à la pluie ou si l'on est pressé.

Arrivons maintenant à la manière de procéder, qui est aussi simple que facile.

Et d'abord, nous fixons sur le terrain, bien préparé déjà, une rangée de piquets distants l'un de l'autre de 60 à 70 centimètres, et sur chaque côté de cette première rangée, une autre à la même distance.

On peut, avec grand avantage, lorsqu'on cultive pour la vente, planter les tomates à la distance d'un mètre entre les rangs, et à 70 centimètres dans les rangs. Par ce moyen, nos planches se composent toutes de trois rangs et sont séparées par un chemin de la largeur de 1 mètre

50 centimètres à peu près. Cela fait, on fixe au pied de chaque piquet, mais du côté du Midi, la plante qu'il doit soutenir, en ayant soin de l'y attacher pour que le vent ne puisse lui nuire.

Si le terrain est sec et que le temps ne promette pas la pluie, il faut arroser : cela se comprend.

Pincement ou taille de la tomate

Nous ne laissons se développer toujours que la tige principale ou branche mère, car l'expérience nous a appris que, pour avoir des fruits précoces, en quantité et de toute beauté, *il ne faut jamais prendre plusieurs branches.*

Nous savons que la tomate tend à pousser des bourgeons et de faux bourgeons à chaque aisselle de feuille. Si donc on veut des plantes d'une grande vigueur pour avoir de beaux produits, il faut avoir soin de supprimer, à mesure qu'ils se développent, tous les bourgeons et faux bourgeons [1] et ne laisser sur la tige que les feuilles principales et les boutons à fruit.

La tomate développe toujours ses boutons à fruit dans le sens opposé aux feuilles, c'est-à-dire ne se rencontrant jamais au même point d'insertion.

Au fur et à mesure que la plante croît, on l'attache au piquet, mais avec des ligatures qui ne puissent pas gêner sa croissance, tels que joncs, paille, etc.

Arrosement. — La tomate, lorsqu'elle commence à mûrir, veut être arrosée copieusement et souvent. Si on a des engrais liquides à pouvoir lui donner, tels que

[1] Par ce moyen, il n'est pas besoin d'effeuiller comme le prétendent à tort tous les auteurs du Nord.

poudrette, colombine ou autres, il ne faut pas craindre de doubler la dose ; plus on donnera, plus les produits seront beaux et nombreux.

Dans les temps de grande sécheresse, cette plante voudrait être arrosée deux fois par jour.

Graines. — On choisit pour graines les fruits les plus unis, sans aucune raie ni aspérité et plats à la surface supérieure (au-dessus) ; on les prend toujours sur les pieds-mères étant les plus sûrs comms type d'espèce. La graine se conserve deux ou trois ans.

La meilleure tomate pour toute la France est la tomate *hâtive à feuille crispée* ; elle est la plus précoce et la plus productive.

Il n'est pas rare de voir dans nos contrées chaque pied de cette plante donner jusqu'à quatre douzaines de fruits.

C'est beau à voir et à posséder, n'est-ce pas ? Eh bien, que les personnes qui me font l'honneur de me lire suivent, pour la culture, la méthode que je leur ai tracée et elles arriveront aux mêmes résultats [1].

POMME DE TERRE

Solanum tuberosum (f. des Solanées.)

Culture. — La pomme de terre demande une terre douce, profonde et surtout fumée de l'année précédente.

Dans les jardins, nous la faisons venir dans notre assolement toujours après les choux d'hiver et elle nous donne des produits magnifiques et en grande quantité.

---

[1] Au mois de septembre, j'ai envoyé à l'Exposition universelle 30 tomates dont 16 pesaient en moyenne 600 grammes chacune.

On conseille souvent de faire germer la pomme de terre pour l'avoir plus précoce... Je crois que le procédé est mauvais et que, pour notre région, le contraire vaut cent fois mieux, c'est-à-dire avoir les tubercules sains et non germés ; les produits seront plus beaux et même plus précoces.

Plantation. — On plante la pomme de terre dans la première quinzaine de mars, lorsque le temps le permet; seulement, longtemps à l'avance on aura eu soin d'ouvrir de petits fossés sur la place qui doit la recevoir, afin que, le terrain, ayant été bien pulvérisé par les gelées de l'hiver, soit plus friable, plus ameubli et facilite le développement.

Lors de la plantation, il faut, autant que possible, avoir soin de mettre un peu d'engrais, n'importe lequel; mais je dois faire observer qu'entre tous, celui qui produit le plus d'effet sur la pomme de terre, c'est la poudrette sèche, ou engrais humain qu'on sème dans le fossé sans craindre, comme plusieurs le croient, que la quantité lui soit nuisible.

Lorsque la plantation est faite, il faut avoir soin, si on veut des plantes très-vigoureuses, de donner un petit binage de 10 centim. sitôt que toute la levée a eu lieu.

Ce premier binage, qui produit toujours un très-bon effet, doit être suivi d'un second trois semaines plus tard, mais celui-ci doit aller aussi profond que possible sans cependant endommager les radicelles.

Environ quinze jours ou trois semaines plus tard, selon le développement des tiges, on les butte en ramassant la moitié de la terre sur chaque côté, mais en faisant toujours suivre le buttage d'un bout à l'autre de chaque rang et en conservant la partie supérieure de la butte pleine, qui doit avoir cependant une légère pente vers le milieu du rang.

Cette petite concavité permet aux plantes de recevoir toute l'eau qui tombe et sert à leur accroissement.

Les meilleures variétés pour la culture maraîchère pour la vente et pour la production, sont :

1° La *Cueuilleuse*; 2° la *Saint-Jean*; 3° la *Marjolaine*; 4° la *Quarantaine*; 5, la pomme de terre *Blanchard*, très-précoce et très-productive.

AUBERGINE

Solanum melongena (f. des Solanées.)

Semis. — On sème l'aubergine dans la première quinzaine de mars, sur couche chaude autant que possible. Si la graine est bonne, elle ne tarde pas à germer et bientôt le plant a levé ; alors on commence à lui donner de l'air, mais progressivement, pour qu'il grossisse et qu'il ne s'allonge pas outre mesure.

Repiquage. — Sitôt que le plant possède trois ou quatre feuilles on le repique sur une couche un peu plus chaude s'il est possible, à moins qu'on ne soit gêné pour la place.

La manière de procéder est bien simple, la voici: Après avoir arraché le plant qu'on met à l'abri du soleil et de l'air, on laboure la terre de la couche et on remet le plant à 8 centimètres environ en tous sens; cela fait, on arrose fortement, puis on remet le châssis en ayant soin de le mettre à l'abri des rayons du soleil, et de lui procurer un habillement de paillassons si la nuit semble promettre une gelée. Et comme on repique toujours dans l'espoir d'avoir de beaux produits, il faut mouiller le jeune plant souvent et à fond, afin qu'il fasse beaucoup de chevelu.

Culture. — L'aubergine demande de fréquents binages, afin de favoriser son développement et maintenir le terrain toujours propre et bien divisé.

Plantation. — L'aubergine étant une plante très-avide de fumier, on peut, sans inconvénient, lui en fournir abondamment ; on peut même la fumer la veille de la plantation. Le terrain bien préparé, on la plante, vers le 15 mai, à 60 centimètres en tous sens, en ayant soin de conserver le plus de chevelu possible, afin qu'elle n'ait pas à souffrir de sa reprise ; cela fait, il ne faut pas abandonner la plante, mais la travailler souvent pour hâter son développement.

Arrosement. — L'aubergine veut aussi être arrosée souvent et fortement, non-seulement avec de l'eau simple, mais avec toutes sortes d'engrais liquides. Dans ces conditions, elle promet et donne toujours les produits les plus beaux et les plus nombreux.

Graines. — La graine d'aubergine conserve ses facultés germinatives pendant deux ou trois ans. Cependant, lorsqu'on a fait cette culture, il vaut mieux la renouveler chaque année. A cet effet, on choisit trois ou quatre fruits des plus beaux qui se développent et lon ne les arrache que lorsque la plante est enlevée de terre ; et si on craint que la maturité ne soit pas complète, on les expose à l'action de toute température, au pied d'un mur ou en tout autre lieu, en ayant soin de ne pas les oublier dans cet état, de les recueillir et pratiquer un lavage, si le besoin l'exige.

PIMENT

Capsicum annum (f. des Solanées.)

Semis. — Le piment, comme les plantes dont nous avons décrit la culture, se sème sur couches d'abord, afin de hâter sa croissance, et puis parce qu'il faut un bien petit espace pour une grande quantité de plants. A peine les jeunes tiges montrent-elles trois ou quatre feuilles, qu'il faut commencer à repiquer.

Repiquage. — Lorsqu'on veut avoir de beaux produits, il est avantageux de repiquer sur couches et à une distance de 5 centimètres en tout sens; puis on arrose afin que le plant se garnisse d'un beau chevelu.

Culture. — La culture de l'aubergine convient très-bien au piment; il aime, comme elle, une terre plutôt légère qu'humide, mais il veut surtout une exposition méridionale.

Deux choses encore sont nécessaires à sa culture : des binages fréquents qui hâtent son développement, et des arrosages souvent répétés lorsque les premiers fruits apparaissent, afin d'avoir une bonne fructification.

Il existe de nombreuses variétés de piments, parmi lesquelles on choisit, pour la culture, ce qui convient le mieux, soit le piment doux, si connu, ou le piment amer.

Graines. — On réserve pour porte-graines les fruits les plus beaux et les plus mûrs des espèces qu'on veut cultiver. S'ils ne sont pas assez mûrs, on les expose au soleil, puis on les conserve dans leurs capsules jusqu'au moment du semis.

AIL

Allium sativum (f. des Liliacées.)

L'ail se plante de novembre en décembre, c'est-à-dire après les grandes pluies d'automne, et en octobre même, si le terrain n'est pas trop sec.

Culture. — L'ail aime une terre douce, franche et riche. On doit toujours le faire succéder à une culture fumée, telle que celle des choux, des courges, etc. Après l'avoir semé et couvert, on met une légère couche de fumier de 2 à 3 centimètres qu'on laisse jusqu'au mois de mars, époque où l'on enlève avec un râteau le pailleux de cet engrais, et on donne à l'ail la première façon.

On doit, dans le courant de mai, si le temps est sec, l'arroser avec avantage et sans crainte de trop le mouiller, car il aime une petite inondation donnée à temps et à propos.

Vers la fin avril, avant que l'ail soit complétement monté, on lui donne une autre façon, afin qu'on puisse le travailler aisément sans endommager les sommités des tiges. Lorsqu'arrive le moment de la parfaite maturité, on couche les tiges pour finir la croissance; mais comme elles sont nécessaires pour lier en bottes, il faut, vers la fin de la quinzaine, enlever la plante de terre et ne la mettre au grenier qu'après l'avoir exposée quelques jours à l'action du soleil qui lui enlève son humidité.

OIGNON

Allium Cepa (f. des Liliacées.)

Semis. — On sème l'oignon, eu égard à l'exposition du terrain, depuis août jusqu'en septembre, mais toujours en planche à la volée ou en lignes. Si c'est dans une terre légère et sèche, il faut, après le semis, bien piétiner le terrain dans le but de faciliter la germination, en mettant la graine en contact avec la terre ; cela fait, on doit niveler la surface de la planche au moyen du râteau et arroser fortement jusqu'à l'apparition du plant.

Pour les semis en ligne, on procède de la manière suivante : Après avoir ouvert des raies distantes l'une de l'autre de 15 centimètres, et d'une profondeur de 5 centimètres, on met la graine dans son tablier, et après en avoir pris dans les deux mains qu'on tient fermées, on procède en faisant tomber la graine en quantité plus ou moins grande, selon qu'on désire le plant (mais toujours avec égalité) avec le pouce et l'index, tout comme le ferait un semoir mécanique. On garnit toujours deux raies à la fois en marchant à mesure qu'on dépense la graine.

Pour les semis en ligne, il n'est pas besoin d'avoir recours au râteau pour aplanir la surface de la planche, des arrosements souvent répétés l'aplanissent insensiblement.

On arrose tant que le plant est frêle ; mais lorsqu'il commence à être beau, on lui laisse passer l'hiver. Le semis d'oignon peut être arrosé avec toutes sortes d'engrais liquides, et doit être recouvert d'un bon paillis pour empêcher le tassement produit par les arrosages.

Plantation. — L'oignon se plante en mars et avril,

même en novembre et en décembre ; mais ce genre de plantation ne donne guère de bons résultats.

L'oignon blanc se met en terre le premier, et après lui les autres espèces successivement ; il faut toujours laisser entre chaque plant une distance de 20 centimètres en tout sens.

Culture. — L'oignon comme l'ail aime une terre légère, franche et riche en humus, (engrais) et s'il ne peut être planté après une culture bien fumée, il faut engraisser copieusement le terrain qui doit le recevoir longtemps à l'avance, pour que le fumier ait le temps de se décomposer et fournisse à la plante un sol fécond qui hâte le développement de sa pomme.

Au bout de quelques jours, (trois semaines à peu près) le plant ayant bien pris, il faut donner une première façon entre les rangs et renouveler l'opération toutes les fois que le besoin s'en fait sentir.

On arrache l'oignon vers le mois d'août, mais on le laisse ressuyer sur le terrain, avant de le ramasser ; puis on profite d'une journée de pluie pour le mettre en cordes et le suspendre.

Graines. — On conserve toujours pour porte-graines les oignons les plus beaux, qu'on plante vers la fin octobre, dans un terrain bien fumé, à 40 centimètres en tous sens ; on les couvre d'une couche de terre de 15 centimètres, pour les mettre à l'abri de tout danger pendant la saison froide.

Les meilleures variétés pour le Midi sont : l'oignon *blanc hâtif*, l'oignon *poire* ou *pyriforme*, l'oignon de *Lescure* et celui du *Port*, variété cultivée dans une contrée du département de Lot-et-Garonne, qui en fait un grand commerce dans le Midi et le Nord de la France.

ÉCHALOTTE

Allium Ascalonicum (f. des Liliacées.)

Culture. — L'échalotte, comme l'oignon, aime une terre légère, douce, largement fumée et autant que possible, quelque temps à l'avance, ou bien après une culture qu'on a ainsi façonnée dès l'année précédente. On la plante ordinairement par planches et à 20 centimètres en tous sens. Elle exige les mêmes soins que l'oignon.

Lorsque les feuilles sont fanées, on profite d'un beau jour pour enlever la plante de terre et l'exposer à la chaleur du soleil pour être séchée, puis on la porte au grenier pendant l'hiver.

Plantation. — L'échalotte se plante en février ou en mars, lorsque le temps le permet ; mais il y a grand avantage à hâter ce moment, afin que la plante n'ait pas trop poussé avant sa mise en terre. On la multiplie au moment de la plantation par le moyen des bulbes qu'on sépare.

CIBOULETTE

Allium Schœnoprasum (l. des Liliacées.)

Culture. — La ciboulette est une des plantes les plus vivaces de la culture maraîchère.

Elle aime, dans notre région, tous les terrains et toutes les expositions. Une fois plantée, elle ne demande aucun travail.

On la met en bordure le long des allées principales du jardin, alors seulement il est bon de l'arroser et de la travailler un peu pour activer son développement.

La seconde année, on peut en couper en quantité sans craindre de paralyser sa croissance. Il est bon pourtant, si on en veut abondamment, de la déplacer tous les trois ou quatre ans.

On la multiplie facilement au moyen des caïeux qu'on plante en mars ou au commencement d'avril, à 30 centimètres de distance.

POIREAU

Allium Porrum (f. des Liliacés.)

Semis. — On sème le poireau à la fin de février, mars et avril, dans une bonne terre travaillée à l'avance, à la volée le plus ordinairement, mais on peut très-bien le faire par raies, si l'on veut.

Dans nos contrées, les jardiniers maraîchers qui le cultivent pour la vente le sèment en septembre comme l'oignon, pour le vendre le printemps suivant en même temps que ce dernier.

Lorsqu'il a atteint la grosseur d'un tuyau de plume, il est bon à être mis en place.

Plantation. — Pour avoir des poireaux d'une grosseur énorme (ce qu'il faut toujours espérer comme récompense de ses labeurs), il faut leur donner, nous l'avons déjà dit, une terre douce, profonde et surtout riche en engrais, et ne pas imiter ceux qui, par ignorance, foulent le terrain qu'ils ont préparé ; au contraire, faites usage de préférence de l'instrument appelé en français *bêche* et en gascon *pellevert*. De cette façon, le terrain ne se trouve nullement piétiné, et est, par cela même, plus propre à recevoir et à aider la plante. Cela fait, on choisit les plus beaux plants dont on coupe les radicelles et les feuilles, ne leur laissant en tout qu'une longueur de 20 centimètres. On en prend dans la main gauche une petite poignée, en tenant, pour plus de facilité, la racine en bas. Le plantoir est à la main droite, et au fur et à mesure qu'on fait les trous, la main gauche dépose dans chacun une plante qu'il ne faut en aucune sorte ni gêner ni serrer. On plante à une distance de 20 centimètres en tous sens ; après cela, on prend des arrosoirs qu'on débarrasse de leurs grilles ou pommes, et on donne à chaque pied l'eau nécessaire pour faire adhérer les racines à la terre qui doit les nourrir.

Mais comme le sommet de la plante n'arrive qu'à la surface du sol, il faut, pendant cette opération, veiller à ne pas la couvrir par cette petite inondation.

Environ sept ou huit jours plus tard, on fait un arrosage général de tout ce terrain, et dix ou douze jours après, on voit les poireaux pousser avec vigueur ; alors il faut donner une bonne façon en les travaillant très-profondément, et tâcher même d'arriver jusqu'aux racines.

Certains jardiniers routiniers ont la mauvaise habitude de couper la feuille des jeunes poireaux dans le but, disent-ils, de faire grossir la racine. Cette pratique peut être nuisible, elle est même contre tout principe, et on ne doit, par conséquent, jamais l'employer.

Culture. — Les principaux soins que réclame la culture du poireau, sont : de bons arrosements, quand le besoin s'en fait sentir, et des travaux souvent répétés, afin de maintenir constamment la terre meuble, propre et toujours humide.

Avec cette manière de procéder j'ai obtenu des poireaux d'une grosseur vraiment énorme.

Je pourrais citer à l'appui de ce que j'avance, le témoignage d'hommes éminents, qui se sont plu à encourager nos efforts en applaudissant au succès.

Variétés. — Nous cultivons toujours pour ces produits les quatre variétés suivantes :

Le gros court du Midi, le jaune du Poitou, le gros court de Rouen (ces trois variétés viennent, en pleine terre, d'une grosseur extraordinaire), et le long ordinaire, qui n'acquiert pas la même grosseur.

Graines. — On choisit toujours pour porte-graines les plus beaux pieds de chaque espèce, qu'il faut tenir éloignés les uns des autres le plus possible, et les laisser porter graines en place, afin de les avoir de toute beauté.

CHOU

Brassica (f. des Crucifères.)

Semis. — On sème le chou à plusieurs époques de l'année dont voici les principales :

Le *Bacalan* ou chou *Gros-Cœur-de-Bœuf*, le *Saint-Denis* et le *Strasbourg*, en septembre pour les transplanter à la fin d'octobre ou de novembre, et on les a produits en mai, juin, juillet et août.

Ces trois variétés n'arrivent jamais à la même époque.

Le chou *Joanet*, qui n'est pas encore fixé, pourrait être planté en ce même temps.

Le type de cette variété doit être à tige très-courte, pomme plate et très-hâtive, plus même que le chou d'*York*, mais malheureusement on la trouve peu franche.

On sème encore en février et mars les mêmes variétés à une bonne exposition, en ayant bien soin du plant qu'on peut mettre en place en mai et qui donne ses pommes en juillet et août ; mais pour cette culture, il faut un terrain convenable et de fréquents arrosages.

On peut ajouter au semis du printemps des précédentes espèces, le chou-femelle, variété qui résiste admirablement aux chaleurs de nos contrées.

On sème toujours le chou à la volée sur un terrain préalablement disposé et riche d'engrais, car il est reconnu que cette plante épuise grandement le sol.

Repiquage. — Lorsque le plant, n'importe quelle espèce, possède trois ou quatre feuilles, il est bon à repiquer ; plus il est jeune, plus la réussite est assurée. On fait alors le repiquage de sept à huit centimètres en tous sens ; puis on mouille fortement le terrain une première fois et on renouvelle ces arrosages le plus souvent possible.

Plantation. — Le terrain préparé, on plante les choux suivant la grosseur de la variété qu'on cultive, savoir : le Bacalan, à une distance de 60 à 70 centimètres en tous sens ; le *Saint-Denis* et le *Strasbourg,* de 80 à 90 centimètres, et celui d'*York,* de 50 à 60 centimètres.

Il faut toujours savoir donner à la plante la nourriture qu'elle exige au moyen de la distance qu'on met entre chacune. Après cela on arrose fortement, mais chaque pied en particulier, et on continue ainsi jusqu'à ce qu'il soit bien pris.

Culture. — Le chou est considéré comme une plante potagère des plus épuisantes ; cela compris, on lui donne le plus d'engrais possible, mais il est bien prouvé aujourd'hui qu'il n'absorbe pas tout le fumier qui lui est fourni et qu'il peut être remis sur le même terrain deux années de suite, sans engrais, à condition qu'il ne portera pas graines, mais qu'il sera coupé vert, car on sait que les fruits et les graines épuisent le sol.

Ce qui prouve l'exactitude de ce que j'ai avancé, c'est que les plantes, quelle que soit la famille à laquelle elles appartiennent, se développent avec grande vigueur après la culture des choux fumés.

La terre qui convient le mieux au chou, c'est une terre neuve et fumée; un bon défoncement pour les arbres fruitiers, ou une prairie retournée, sont des places de prédilection. On procède, dans ce cas, par un bon labour et une fois le plant bien pris, on donne un premier binage sur la surface du sol pour faciliter le développement des jeunes plants. Si le temps est sec, il faut renouveler les arrosages, donner une autre façon, mais très-profonde jusqu'à la racine s'il se peut, de manière à rendre le terrain meuble et empêcher l'évaporation du sol.

Chaulage des Choux. — Cette dénomination indique un moyen à employer simple, facile, et qui produit les plus heureux résultats; l'expérience nous l'a souvent démontré.

Il consiste à répandre, en automne ou au printemps, sur les feuilles et sur toute la surface du sol, une couche de chaux pulvérisée. On choisit de préférence un temps pluvieux ou le moment de la rosée, car, par ce moyen, cette poussière ne séjourne pas longtemps sur la surface de la plante, mais elle descend au pied et contribue puissamment à son accroissement, en lui donnant une vigueur telle que dans quelques jours elle n'est plus reconnaissable.

La différence des choux chaulés avec ceux qui ne le sont pas est tellement frappante qu'on est à se demander si le moment de la plantation est le même, ou si ces plants (ceux non chaulés) n'ont pas été travaillés.

Je ne saurais trop recommander à mes amis, tous les jardiniers, un moyen très-simple produisant de si beaux résultats, et surtout pour le plant.

La poudrette à l'état liquide et le purin ou jus de fumier sont des engrais très-énergiques pour la culture des choux, il ne faut donc pas craindre d'en user si on peut en disposer.

Choux d'hiver frisés ou milan

Semis. — On sème le chou milan en mai et juin pour la grande provision d'hiver, mais on peut aussi très-bien en semer en mars pour les planter en mai ; ils fournissent tout l'été et réussissent même mieux que les autres en les tenant arrosés à cause des grandes chaleurs.

Lorsqu'on veut en avoir une grande quantité pour la plantation ou pour la vente, il faut en mettre quelques planches très-épaisses, et quant le plant est assez fort, on l'éclaircit pour le repiquer et il devient plus beau.

Plantation. — La manière de procéder étant la même que pour la culture précédente, j'ajouterai seulement que le *milan à pied court*, le *milan frisé* d'Agen, le *Romain* et le *Petit-Hâtif* doivent être plantés à 60 centimètres en tous sens. Ces quatre variétés étant exactement les mêmes, la seule variation, si elle se produit, provient de la nature du sol.

Pour avoir les choux *Milan-des-Vertus* de toute beauté, il faut les placer à 80 centimètres de distance en tous sens.

Culture. — Étant tout à fait la même que celle des choux pommés, je ne m'y arrête pas. Inutile de se répéter.

Chou de Bruxelles

Semis. — On sème le chou de *Bruxelles* à la même époque que le chou *milan,* de et la manière de procéder est la même, aussi nous passons outre.

Culture. — Ici, j'ajouterai seulement que si l'on veut avoir ces plants de toute beauté, il faut, non les abandonner, mais les arroser souvent, afin que, dans le courant d'octobre, on voie les tiges garnies de petites pommes de la grosseur du pouce et la croissance près de finir.

De cette manière, on est sûr d'avoir pour tout l'hiver une abondante récolte.

Cette variété commence à se répandre dans le Midi, et figure déjà dans nos meilleurs dîners.

Les jardiniers de Lectoure ne la cultivent pas encore ; elle serait pourtant d'un grand débit pour ceux qui parcourent les principales villes du Gers.

Chou-Rave

Le chou-rave peut être semé depuis mai jusqu'à la fin de juillet ; il vient très-bien en été dans nos contrées mais dans cette saison il veut une terre fraîche et un peu au nord. La meilleure saison cependant est en automne, comme pour le chou milan, alors il est beau et se conserve très-tendre pendant tout l'hiver.

S'il était connu dans nos contrées, il rendrait de très-grands services, car, quand il est tendre, il peut remplacer les raves avec beaucoup d'avantage.

Les principales variétés sont :

Le chou-rave *blanc*, le chou-rave *violet*, le blanc *hâtif* de Vienne et le *violet hâtif* de Vienne.

La culture est la même que celle du chou *milan*.

Chou-Fleur

Semis. — On sème le chou-fleur depuis mai jusqu'en juin et toujours dans une très-bonne terre. On ne doit pas le laisser souffrir d'eau afin qu'il soit beau, tendre et vigoureux.

Le repiquage et la culture sont les mêmes que ceux déjà décrits. Je dirai seulement qu'il faut une terre légère, profonde et pas trop humide, mais des arrosages abondants avec toutes sortes d'engrais liquides. Ceux qui sont plantés en août donnent leurs produits en septembre et octobre ; mais il faut avoir soin, à mesure que la pomme se développe, de pratiquer le cassement sur les feuilles de l'intérieur du chou, dans le but de la garantir des rayons du soleil et même de la lumière autant que possible.

Quand les produits ont été couverts, ils ont, pour la vente, une valeur double.

Les meilleures variétés sont le *tendre* et le *demi-dur* de Paris et le chou-fleur *Lenormand*.

Chou-Brocolis

Semis. — On sème le chou-brocolis en juin et juillet et on le met en place à la fin d'août et de septembre. Comme il doit passer l'hiver en pleine terre, il y a avantage à choisir une exposition abritée et un terrain sec.

Dès qu'il est planté et qu'on l'a travaillé deux ou trois fois, on doit, si on veut récolter de beaux produits au printemps, couvrir la surface plantée avec une bonne couche de fumier.

Culture. — La culture est la même que les précédentes, mais je ferai observer cependant que plus l'exposition est chaude, plus les produits sont précoces; quelquefois même, on en cueille en janvier et février.

Les meilleures variétés sont le brocolis *Mamouth* et le brocolis *blanc*.

—

RAVE ET NAVET
Raphanus sativus (f. des Crucifères.)

Rave

Semis. — Les raves se sèment au mois de mars, dans une terre fraîchement travaillée et fumée l'année précédente. On sème toujours à la volée et très-clair pour avoir de beaux produits; mais comme la graine est exposée à être dévorée au printemps par les insectes, on sème d'abord assez épais, en ayant soin d'éclaircir lorsque les feuilles commencent à se toucher. Cela fait, on arrose souvent, et par le moyen de chaulages souvent répétés, on détruit les insectes, et les plantes acquièrent une grande vigueur.

On peut semer à partir de mars jusqu'en septembre; au printemps et en été la graine doit être seule; mais en automne on la sème à la dérobée en l'associant à d'autres cultures telles qu'aubergines, tomates, haricots, etc., dont les plantes n'ont pas été enlevées de terre. Après avoir semé la rave on lui donne un bon hersage et un arrosement qui détermine sa germination.

Graines. — On conserve pour porte-graines les raves les plus belles qu'on laisse sur terre; si cependant l'on craint une gelée, on les rentre en décembre pour les planter en mars.

Variétés. — Les meilleures sont la rave plate à collet rose et la blanche plate. En Auvergne, on cultive trois variétés bien distinctes qui donnent de très-beaux produits. Dans nos contrées de Lectoure, on sème le plus ordinairement la rave de la *Garonne*, très-bonne et très-belle.

Navet

On peut semer les navets aux mêmes époques que les raves ; la seule différence entre ces plantes, c'est que la rave est plate et le navet est long.

Culture. — La culture du navet est, sous tous les rapports, la même que celles des raves.

Variétés. — Les meilleures sont : le navet des *Vertus*, le navet de *Meaux*, celui d'*Alsace*, le navet *blanc* et le *rouge hâtif*.

RADIS

Raphanus sativus (f. des Crucifères.)

Semis. — On peut commencer à semer les radis en janvier dans une terre sèche et à l'abri d'un mur, en ayant soin, si l'on veut réussir, de les couvrir pendant la nuit.

Le plus ordinairement on commence les semis à la fin de février et ils se continuent jusqu'en septembre.

Culture. — On sème rarement le radis seul, on l'associe toujours à d'autres plantes, telles que carottes, oignons, salsifis, scorsonères et autres plantes lentes à germer.

Le radis pousse très-vite et ne nuit jamais aux autres plantes, parce qu'on a soin de l'arracher avant qu'il soit trop gros.

Le radis est une plante qui pousse très-vite et que, par conséquent, on sème souvent. Il aime une terre meuble, mais fortement tassée à la surface ; plus le terrain est tassé, plus le radis pousse vite. Ce que je dis est facile à constater si on fait attention que la graine tombée par mégarde, en semant, sur le chemin qui sépare les planches, produit des radis bons à manger huit jours avant les autres.

Il y a donc avantage, quand on a une terre légère à consacrer à cette culture, de la tasser sans trop de ménagement.

Variétés. — Les meilleures variétés pour le printemps et l'été sont : le radis *rose hâtif*, le radis *demi-long rose*, le *blanc hâtif* et le *long rose écarlate*.

Avec les grandes chaleurs on sème encore le gris d'été.

Radis-d'hiver

Le radis noir d'hiver se sème en juillet et août et se conserve en terre pendant l'hiver jusqu'au printemps, époque à laquelle il commence à pousser. Si on veut avoir de la graine en quantité, il faut le laisser en place.

CAROTTE

Daucus carota (f. des Ombellifères.)

Semis. — On peut commencer les semis en février, lorsque le temps le permet, et continuer jusqu'en juillet, août et septembre, en associant toujours à cette semence des graines de radis hâtifs et de laitues, dans le but de tirer du terrain le plus de profit possible, car ces légumes ne nuisent pas aux carottes, puisqu'on les enlève avant qu'ils soient trop forts, et le radis surtout favorise leur germination.

Les semis faits en février ou mars doivent être recouverts d'une couche de terreau qui les garantisse des gelées tardives.

Pour avoir une bonne réussite dans cette culture, voici la méthode à suivre :

1° On fume le terrain en automne, on le laboure, mais d'un gros labour qui fasse le plus de mottes possibles ; il faut le laisser dans cet état toute la saison d'hiver, afin que la gelée fasse dilater ces masses compactes et les réduise en poussière ;

2° Ne pas semer sur cette terre qui, bien qu'ayant subi depuis longtemps les influences atmosphériques, ne renferme cependant pas assez de ces principes vitaux qui assurent une bonne et prompte germination ;

3° Il faut, par un temps sec et avant le semis, donner une bonne façon à la bêche ou au crochet. Cela fait, on sème à la volée ou en ligne et on couvre ensuite la graine avec le râteau ou tout autre instrument.

Si la terre est légère et sèche, il faut bien la tasser, ce qui est inutile, si elle est humide.

Culture. — La carotte demande une terre douce, profonde et bien engraissée, mais jamais d'un fumier pailleux, qui rend les racines fourchues et paralyse leur développement.

Lorsque ces plantes ont atteint une certaine hauteur, il faut les éclaircir en laissant entre elles 10 centimètres en tous sens, si on veut les avoir belles. Il faut, en outre, de fréquents arrosages.

Variétés. — Les meilleures variétés pour la culture maraîchère sont : la carotte *rouge courte hâtive*, la *rouge demi-longue* et la *grosse rouge longue ;* ces variétés sont suffisantes pour les besoins du ménage.

Graines. — Lorsque dans la région du midi de la France, on veut de la bonne graine pour ces produits, on en sème vers le mois de mai une planche, bien clair, qu'on laisse en place jusqu'à l'époque où elle a porté graine.

CÉLERI

Apium graveolens (f. des Ombellifères.)

Semis — On peut commencer les semis vers le mois de mars, sur une couche sourde et autant que possible près d'un mur abrité ; on couvre bien le tout tant qu'une température trop froide est à craindre. Il faut semer la graine de céleri assez épais dans le but d'en repiquer en abondance, pour sa provision, et ne jamais oublier, si l'on veut réussir, de la mettre, non à une grande profondeur, mais à la surface du terrain préparé et de la recouvrir d'une mince couche de terreau ou de marc de raisin.

On doit, s'il est besoin, arroser fréquemment, mais avec précaution, jusqu'à ce que la plante soit bien levée ; alors, dans la crainte qu'elle ne s'étiole en voulant trop hâter sa croissance, on la laisse en repos quelques jours.

Repiquage. — Sitôt que le plant de céleri a atteint la hauteur de 15 ou 20 centimètres, il veut être repiqué. On prépare à cet effet, dans un coin bien exposé du jardin, une terre douce autant que possible, et on met les plants à 10 centimètres en tous sens. Si on repique par une journée chaude de mai ou de juin, il faut om-

brer avec des branches d'arbre, des feuilles, du linge,
avec toutes choses enfin propres à garantir les jeunes
plantes des rayons solaires qui pourraient nuire à leur
reprise ; un bon arrosage sur toute la surface du terrain
sera ensuite nécessaire.

Culture. — Il faut, pour la plantation du céleri, ouvrir des fossés sur toute l'étendue du terrain qu'on veut
lui consacrer, et faire en sorte qu'ils soient le plus possible exposés au midi, pour que tout le plant reçoive
à peu près et la même lumière et la même chaleur.

La distance entre les fossés varie de 80 centimètres à
un mètre ; la profondeur est de 20 centimètres sur une
largeur de 35 à 40 centimètres.

Je dois faire observer que le fossé doit être vidé longtemps à l'avance, afin que le fond de cette cavité destiné
à recevoir la plante ait été préalablement exposé aux
influences atmosphériques.

Le terrain retiré doit être disposé sur chaque côté
pour plus de commodité, lorsque viendra le moment de
chausser le céleri.

On plante sur deux rangs, à 20 centimètres, et si on
ne peut ombrer les deux premières journées, il faut,
de préférence, mettre en terre le soir plutôt que le matin, parce que ainsi la plante se redresse et ne craint
plus autant l'ardeur du soleil. Il est, de plus, nécessaire
de l'arroser souvent et copieusement jusqu'à ce qu'elle
ait bien repris, puis la travailler de temps en temps en
ayant soin de la butter en l'entourant d'un peu de terre
disposée à cet effet, lorsqu'elle commence à être forte
et vigoureuse ; il faudra renouveler cette opération quand
le besoin l'exigera.

Arrosements. — Ici j'ajouterai seulement que le céleri le plus beau, le plus tendre, le meilleur enfin est celui qu'on arrose souvent, et copieusement surtout, avec des engrais liquides, tels que la poudrette, etc., etc.

Variétés. — Les meilleures sont : le céleri *plein blanc* et le céleri de *Tours.*

Graines. — On choisit pour porte-graines trois ou quatre pieds des plus beaux, dans les espèces qu'on veut cultiver, et on les soigne le mieux possible.

Céleri-Rave

Le céleri-rave demande les mêmes soins, quant aux semis, arrosages et repiquages, que le précédent ; donc je n'en parlerai pas.

Culture. — Le céleri-rave veut être cultivé en planche et non en fossés dans une terre riche d'engrais et fumée autant que possible de l'année précédente, ou du moins longtemps avant la plantation. On ne pourrait, sans inconvénient, se servir d'un fumier frais et pailleux qui rendrait la racine fourchue en retardant son développement.

La plante se met à 40 centimètres en tous sens.

Cuit, le céleri est un très-bon légume ; à l'état cru, il a de plus le précieux avantage de se conserver en terre entièrement frais pendant toute la mauvaise saison. Je suis convaincu qu'il réussirait à merveille dans le fertile terrain de Pradoulin, à Lectoure, et serait d'un grand débit dans les principales villes du Gers.

Graines. — On obtient la graine de céleri-rave comme celle du précédent.

———

PERSIL

Apium petroselinum (f. des Ombellifères.)

Semis. — On peut commencer en mars et jusqu'en septembre, selon le besoin de la consommation.

Dans notre région, quand on veut avoir de bon persil, on le sème dans une terre douce, profonde, le plus souvent en bordure, dans les principales allées du potager. On ouvre, à cet effet, au moyen du traçoir, une raie d'une profondeur de 5 centimètres; on y dépose la graine qu'on recouvre ensuite et qu'on foule.

Je ne donne jamais d'autres soins à cette culture, et j'ai toujours une récolte abondante.

Graines. — Les plantes de deux ans seules portent graines; on choisit, dans ce but, un petit coin de bordure qui ne puisse nuire ni aux légumes ni aux arbres.

CERFEUIL

Scandix cerefolium (f. des Ombellifères.)

Semis. — On le sème en février et mars, dans une terre douce, bien exposée au midi, et il fournit jusqu'au mois de juin, époque où les chaleurs étant les plus fortes, le font monter en graine.

Je dois faire observer que, si l'on veut toujours cette récolte herbacée, c'est-à-dire à l'état frais, il faut avoir le soin de renouveler le semis en avril ; et pour en récolter pendant tout l'été, il faut semer tous les quinze jours jusqu'en septembre, peu à la fois, et toujours à l'exposition du nord ou entre les plates-bandes des pyramides.

Il est nécessaire de pratiquer de fréquents arrosages et de couper souvent les sommités de cette plante.

Les semis d'août et de septembre fournissent pour l'hiver.

PANAIS

Pastinaca Sativa (f. des Ombellifères.)

Semis. — Il se sème en même temps que la carotte. Il aime, comme elle, une terre douce et profonde. Pour l'avoir très-beau, on met entre les lignes et les rangs une distance de 30 centimètres ; et comme la graine est lente à lever, il faut le recouvrir d'une couche plus forte que pour la carotte (10 centimètres environ) ; ou mieux, la broyer légèrement dans un linge avec du sable. Ce frottement a pour but de la débarrasser de sa dure enveloppe, cause de sa tardive germination.

Variétés. — Celles qui m'ont toujours donné de très-beaux produits sont : le panais *rond*, le *long* et le *demi-long*.

J'espère que lorsqu'on connaîtra, dans le Midi, les qualités précieuses de ce légume pour un potage, on le cultivera beaucoup plus.

BETTERAVE

Beta Vulgaris (f. des Chénopodées.)

Semis. — Cette plante étant, comme la précédente, lente à germer, on peut, dans notre région, la semer dans le courant d'avril, sans avoir à redouter les gelées tardives, et la voir assez vigoureuse, en été, pour ne pas craindre les fortes chaleurs.

Lorsque, dans les jardins, on veut des betteraves de toute beauté, il faut, en les semant, laisser entre chaque ligne, une distance de 60 à 70 centimètres, et, dans les rangs, 45 centimètres à peu près.

La graine de betterave étant très-dure à cause de son péricarpe, il faut, pour faciliter sa germination, la mettre à 5 centimètres de profondeur et la recouvrir soigneusement. Un grand nombre d'agriculteurs de la région du Sud-Ouest ont échoué dans cette culture et l'ont même abandonnée, pour n'avoir pas su donner à la graine la profondeur qu'elle exige et qui la fait toujours réussir. Le plus souvent on la met en terre sans presque la recouvrir ; il n'est pas étonnant alors qu'elle promette peu, et que, même, elle ne donne rien.

Dans notre région, elle doit être enterrée comme le maïs. Par ce moyen elle ne manquera jamais si la graine est bonne.

Culture. — La betterave demande une terre bien fertile, très-profonde, et une culture fumée avec n'importe quel engrais : elle réussit parfaitement. Je me suis toujours bien trouvé de n'avoir pas mis l'engrais au moment du semis.

Les principaux soins que réclame cette culture sont : une bonne façon à la pioche, ou le binage lorsque la jeune plante a atteint près de 10 centimètres : un mois plus tard, la même opération doit être renouvelée, mais cette fois à une profondeur de 25 à 30 centimètres entre les rangs et sans appréhender de lui porter préjudice. Ce moyen appelé serclage tient lieu d'arrosements, et fréquemment répété, il empêche les mauvaises herbes d'envahir la plante.

Au mois d'octobre, c'est-à-dire avant les gelées, on

doit enlever les betteraves de terre et les mettre dans un silo, ou tout autre emplacement sec et à l'abri de la pluie.

Variétés. — Les meilleures, pour la culture maraîchère, sont :

La *jaune longue* de Castelnaudary, la *rouge ordinaire* des jardins, la *Crapaudine*, la *rouge foncée de Whyte*, la *Bassano* et la *jaune des Barres*.

Je cultive habituellement dans les jardins de la Ferme-École, comme étude pour les élèves, la collection entière des betteraves de grande culture et de jardin, et j'ai toujours obtenu des produits magnifiques.

Il y a deux ans à peine, j'ai eu la curiosité de peser quelques betteraves cultivées dans notre établissement et voici quel a été le poids exact de chacune d'elles :

1° Jaune des Barres.	8 kil.	
2° — de Bassano.	7 —	
3° Plate de Vienne	6 —	500
4° Rouge foncée de Whyte	9 —	500
5° Jaune grosse	9 —	
6° Globe jaune	11 —	
7° Blanche améliorée	7 —	500
8° Crapaudine	4 —	
9° Jaune de Castelnaudary	7 —	

POIRÉE OU BETTE

Beta Vulgaris (f. des Chénopodées.)

Semis. — On sème la poirée à la fin de mars ou au commencement d'avril, en planches, dans un terrain fumé longtemps à l'avance, et en laissant une distance de 50 à 55 centimètres en tous sens.

Culture. — Lorsque le plant a atteint la hauteur de 15 à 20 centimètres, on l'éclaircit, c'est-à-dire qu'on ne laisse en place que les plus vigoureux. Il est nécessaire alors de bien travailler tout le terrain et renouveler l'opération un mois plus tard, s'il en est besoin ; car il ne faut jamais laisser les mauvaises herbes assiéger la plantation, ni le terrain se durcir.

Si l'on veut avoir en abondance des feuilles de cette plante, il faut, en été, l'exposer au nord pour n'avoir pas à faire souvent des arrosages qui deviennent indispensables si la terre est sèche et légère.

Variétés. — La meilleure de toutes est la *poirée à cardes.* Le pétiole de cette plante a souvent une largeur de 10 centimètres ; mais je parle ici de la plante cultivée comme elle doit l'être et non de celle qu'on laisse s'étioler faute des soins nécessaires.

Graines. — On choisit à cet effet les plus beaux pieds dans le courant de l'année, et le printemps suivant on les laisse porter graines.

ÉPINARDS

Spinacia (f. des Chénopodées.)

Semis. — Les épinards se sèment en août et en septembre, dans une terre largement fumée, pour fournir au printemps. Si on veut avoir de beaux produits, il faut semer clair.

Culture. — Les épinards, semés dans les conditions indiquées ci-dessus, ne demandent presque aucun soin, si ce n'est un bon sarclage aux premiers jours du printemps : ils poussent ensuite avec une vigueur telle, qu'il est nécessaire de les couper souvent pour en retarder la floraison.

Variétés. — Les meilleures variétés sont : l'épinard Verrier, celui d'Angleterre et celui de Hollande.

Graines. — Pour porte-graines on choisit et on marque sur la quantité, les pieds les plus beaux, ceux aux feuilles très-larges ; on arrache alors les autres pieds, en en laissant cependant quelques-uns de l'épinard mâle, afin que la fécondation ait lieu sans obstacle.

Dans nos contrées, on ne devrait jamais semer l'épinard en été, à cause des grandes chaleurs qui le font pousser trop vite ; il faut, pour ce motif, le remplacer par la tétragone.

TÉTRAGONE

Tetragona Expansa (f. des Mésembryanthémées).

Semis. — On sème la tétragone en mars et en avril, en pleine terre et sur couches.

1° *Semis en pleine terre*. — Si on veut avoir une bonne réussite avec les semis en pleine terre, il faut opérer en planches ou en carré, mais en place, comme on opère pour les cornichons et les cardons, c'est-à-dire en ouvrant de petites cavités ou godets dans lesquels on dépose, non une seule graine, mais deux et même trois ensemble, dans l'intention de l'éclaircir et de ne laisser qu'un seul pied lorsqu'elle aura levé ; alors on laisse entre chaque plante une distance de 80 centimètres à 1 mètre.

Je dois faire observer qu'une première récolte assure la seconde : il suffit, en effet, de travailler le terrain en fin octobre, avant les premières gelées ; le printemps suivant, sans autre façon, la surface ensemencée se trouve couverte d'une quantité prodigieuse de plants.

2° *Semis sur couches*. — A la fin de mars ou en avril, on sème la tétragone sur couches avec les melons de primeurs, en ayant soin de ne jamais la placer vers le haut du coffre, mais toujours au bas, à 10 centimètres de celui-ci ; car la vapeur, qui se dégage alors des couches et va se condenser au fond du châssis, maintient la graine dans un état constant de chaleur et d'humidité, conditions nécessaires à sa germination.

Lorsque les plants ont atteint la hauteur de 10 centimètres, il faut les retirer de la couche pour les mettre dans une exposition méridionale, et distants entre eux de 80 centimètres à 1 mètre. On les arrose alors, mais on ne s'en occupe plus ensuite qu'au moment où ils forment de belles touffes semblables à la laitue, et on leur donne une bonne façon ; par ce moyen on obtient une quantité énorme de ces légumes ; et ce qui est vraiment commode, c'est que, sans se fatiguer à arroser, on voit cette plante prospérer à vue d'œil, car les grandes chaleurs la stimulent fortement:

Culture. — Nous l'avons dit en parlant du semis, elle se réduit à quelques façons à donner aux plantes avant qu'elles envahissent le terrain. Si on les veut d'une vigueur extraordinaire, il faut les mettre sur de vieux monceaux de terreau, et l'on est sûr de bien réussir. Dix pieds de tétragone ainsi cultivés fournissent abondamment pour un ménage de dix personnes.

Graines. — Pour avoir de la bonne graine, on laisse un pied se développer, c'est-à-dire qu'on s'abstient d'en couper les tiges, même les feuilles, et il donne par ce moyen d'abondantes et bonnes graines.

La tétragone est appelée à rendre de très-grands services à tous les jardiniers du midi de la France, obligés
qu'ils sont d'avoir des épinards en été pour la consommation. Cette plante est donc, par ses qualités précieuses
une petite richesse pour notre contrée.

POIS

Pisum sativum (f. des Papilionacées.)

Semis. — On peut commencer dans le mois de mars
et continuer jusqu'au mois de juillet et d'août, afin d'en
avoir toute la saison jusqu'aux premières gelées. On
sème encore des pois en octobre et novembre; ils donnent
les premiers au printemps.

Les pois se sèment en lignes espacées de 25 centimètres, et de 8 à 10 centimètres de profondeur. Il faut
remarquer pourtant que l'espace à laisser dépend des
différentes espèces qu'on cultive. Ainsi, pour les pois
nains, il doit être moindre que pour ceux *à rames* qui,
étant très-vigoureux, ont besoin d'un peu plus d'air et
de nourriture, et doivent, par conséquent, être plus clair
semés.

Voici la manière de procéder, aussi simple à exécuter
qu'à décrire.

Lorsqu'on a disposé le terrain et mis les pois dans
son tablier (je veux parler du tablier du jardinier),
on peut, pour avancer en besogne, semer deux raies
à la fois, ce qui se fait en mettant un pied sur chaque
raie, et une poignée de pois dans chaque main : on
fait glisser uniformément la semence avec le pouce
et l'index et l'on marche en même temps, ce qui procure
l'avantage de tasser le terrain, quand il est sec et léger,

Cela fait, on recouvre les pois avec la terre laissée sur chaque côté de la raie. — Une personne peut aisément ensemencer dix ares de terre par heure.

Culture. — Les pois aiment une terre douce, chaude et légère. Il est bien reconnu que, pour avoir une bonne récolte, il faut que le terrain soit largement fumé, mais autant que possible de l'année précédente.

Généralement, et pour plus de commodité, on ne fait les planches que de quatre ou cinq raies, afin de pouvoir les soigner sans les fouler dans le milieu, mieux vaut se tenir sur le côté. Il faut donc, si l'on sème plusieurs planches, laisser entre chacune un espace ou sentier de 60 centimètres au moins pour les pois nains, et de 70 pour ceux à rames. Je suis loin cependant de faire une loi de ce mode de culture, je ne le conseille même pas tout à fait, vu que les planches isolées les unes des autres produisent beaucoup plus.

Arrosement. — Rarement on arrose les pois à moins que le terrain ne soit léger et trop sec, alors on peut pratiquer les arrosements avec grand avantage ; mais on doit les suspendre pendant la floraison pour les continuer, si l'on veut, lorsque les gousses commencent à se former.

Pincement. — Lorsqu'on a des pois d'une grande vigueur, il faut en pincer les sommités, quand ils sont entrés en pleine floraison, dans le but de retarder leur grand développement et de les faire arriver plus vite en graine. Un pincement bien fait produit toujours de bons résultats.

Pois nains

Variétés. — Les meilleures variétés sont :

1° Le petit pois *Gonthier*, très-précoce et très-productif, haut de 30 centimètres seulement : il se charge de telle sorte qu'il est vraiment curieux à voir ; 2° le nain *hâtif* ; 3° le nain de *Hollande* ; 4° le *vert* et plusieurs autres variétés que je ne nomme pas, parce qu'elles sont assez connues.

Pois à rames

Variétés. — Les principales et les plus productives sont :

1° Le pois *Prince-Albert* ; 2° le pois d'*Auvergne* ; 3° le *Michaud* de Hollande ; 4° le *Mange-Tout*, ainsi nommé parce qu'en lui tout est bon et mangeable, même la silique, lorsqu'elle n'est pas encore trop avancée.

HARICOTS

Phaseolus (f. des Papilionacées.)

Semis. — On sème les haricots pendant la seconde quinzaine d'avril, à une bonne exposition, c'est-à-dire bien abrités, dans une terre douce et légère, et on continue à semer jusqu'en juillet pour en avoir de tendres toute la saison.

Il faut les semer en planches de quatre ou cinq raies, laissant entre elles, si ce sont des haricots à rame, une distance de 40 à 50 centimètres, afin que, comme on le dit vulgairement, ils ne soient pas *étouffés*, en manquant d'air et de lumière, agents indispensables de la fructification.

Si on sème des haricots nains, on peut augmenter le nombre des rangs, faire même un grand carré si on le juge à propos, en observant toujours de laisser l'espace nécessaire au développement de la plante.

Culture. — Les haricots demandent une terre douce, chaude, profonde et fumée dans les mêmes conditions que la culture précédente. On doit faire en sorte que la graine trouve l'engrais entièrement consumé, moyen qui hâtera son développement dans le peu de temps qu'elle reste en terre.

Généralement on sème les haricots par touffes espacées de 45 centimètres en tous sens, ou bien à raie ouverte, comme les pois, mais on ne les foule jamais. Il faut bien se garder aussi de les trop enfoncer, surtout par un temps humide, car on serait exposé à voir tout se pourrir.

Si le temps est beau et sec, la semence a levé en moins de douze jours ; alors on donne un léger binage sur toute la surface, en ayant soin de ramener la terre vers le pied de la plante, dans le but de la garantir des gelées printanières capables de lui nuire : on doit aussi lui donner un peu de buttage.

Environ trois semaines plus tard, on donne une seconde façon aussi profonde que possible. Si ce sont des haricots à rame, il faut les ramer ou les soutenir lorsque commence à se dérouler leur tige volubile (leur fil), ce que l'on fait en mettant entre chaque plant un rameau ou bâton capable de les supporter et de les protéger contre le vent.

Haricots à rames

Variétés. — Les meilleures variétés pour notre région sont : le haricot *Sophie blanc* (coco blanc ou mongeon), le haricot *Sabre*, celui de *Soissons* et toute la belle collection des haricots *Beurrés*, excellents et sans parchemin ; ici (je parle du Midi), on ne cultive guère ni le haricot *rouge*, ni le haricot *noir*.

Haricots nains

Variétés. — Les principales sont : le haricot *Flageolet-Nain*, le *Sabre-Nain*, le *Soissons-Nain* et celui de la *Chine*.

Si on veut avoir des haricots verts pendant toute la saison, on peut, avec grand avantage, semer le *Bagnolet gris*, très-vigoureux, très-fertile et excellent, qui produit jusqu'aux gelées.

—

FÈVES

Faba Vulgaris (f. des Papilionacées.)

Semis. — On sème les fèves dans le mois d'octobre, par rangs, espacées de 60 centimètres en tous sens, car plus elles sont clair semées, plus elles sont belles et fertiles et ne sont pas exposées à couler par le manque d'air.

Culture. — Les fèves aiment une terre riche et profonde autant que possible, bien qu'en un lieu sec elles soient moins exposées aux gelées.

A la Ferme-École, je les fais succéder à une culture fumée, telle que tomates, salades, etc., mais généralement, après les choux *milans* les plus précoces et les premiers coupés pour la consommation.

Par ce moyen, le terrain est toujours occupé, et les fèves y poussent avec une grande vigueur, car elles emploient pour leur développement la fumure mise pour les choux. Lorsqu'on craint une forte gelée, il faut avoir soin de couvrir le tout de quelques poignées de paille. Cette précaution constamment suivie amène d'heureux résultats.

Pincement. — On doit pincer les fèves, c'est-à-dire supprimer le bout des jeunes pousses au moment de la floraison. Cette opération a pour but d'arrêter la séve et de la refouler vers les parties inférieures ; alors elle fait développer vigoureusement les gousses. Les fèves pincées sont toujours plus précoces et souvent garanties des insectes terribles (les pucerons) qui les assiégent.

Variétés. — Celle que nous estimons entre toutes, c'est la fève d'*Espagne,* qui est très-productive dans les jardins, surtout si on la sème clair.

—

CARDON

Cynara cardunculus (f. des Composées.)

Semis. — On peut semer en mars et avril en pleine terre, en laissant entre chaque rang un espace de un mètre, et entre chaque semis de graines 80 centimètres environ.

Cela fait, on ouvre avec la bêche de petits trous ou godets sur la surface choisie, d'une profondeur de 40 centimètres, qu'on remplit d'un mélange de terre fraîche et de terreau et dans chacun desquels on dépose trois et même quatre graines.

Lorsque le plant a une hauteur de 15 ou 20 centimètres, on l'éclaircit en ne laissant en place que les pieds les plus beaux ; après cela, on donne une bonne façon sans craindre d'aller trop profond, car la racine étant pivotante ne s'endommage pas facilement.

Culture. — Les cardons aiment un terrain gras, profond et riche en humus.

Les principaux soins que réclame cette culture sont : de fréquents arrosages quand le plant est encore jeune, dans le but de lui donner une grande vigueur qu'il conservera ensuite.

Après un fort développement, et toutes les fois que le besoin s'en fait sentir, il faut profondément le travailler, c'est un moyen infaillible de maintenir sa vigueur.

Quand le plant est assez fort, on procède, pour le faire blanchir, de la manière suivante :

On choisit les pieds les plus forts qu'on lie au moyen de longs brins de paille de manière à les entourer plusieurs fois et serrer très-fortement, afin que l'intérieur de la plante soit inaccessible à l'air et à la lumière ; cela fait, on enveloppe encore le pied avec un peu de paille qui s'y tient fixée par le moyen du buttage qui doit être opéré aussitôt que la plante a été enveloppée.

Pour les enveloppes propres à l'opération ci-dessus indiquée, on peut employer la paille, les tiges de colza ou de fougère, dans les cas où ces enveloppes manqueraient, voici une autre manière d'agir :

On ouvre au pied de chaque plante un fossé dont la profondeur doit atteindre l'extrémité de la racine, et d'une largeur proportionnée à la hauteur de la plante ; on y dépose ensuite les pieds choisis qu'on recouvre soigneusement. Ce moyen, comme le précédent, réussit parfaitement bien, car, en moins d'une vingtaine de jours, ou trouve ces plantes non-seulement intactes, mais blanches, fraîches, tendres et excellentes à manger.

Variétés. — Les deux meilleures sont : le cardon de *Tours* et celui d'*Espagne*.

—

ARTICHAUT

Cynara Scolymus (f. des Composées.)

Plantation. — Il y a pour lui deux époques différentes : pour le printemps, avril et mai, et pour l'automne, septembre et octobre.

On choisit toujours pour plants les plus beaux œilletons qu'on éloigne les uns des autres d'un mètre en tous sens, en ayant soin ensuite de bien les arroser.

Les plantations d'octobre sont généralement les meilleures. A cette époque, les pluies sont fréquentes et la terre bien imbibée : les plants travaillent vigoureusement près de deux mois sans craindre les gelées, et au printemps ils sont parfaitement beaux.

Il est bon, si l'on veut en avoir de précoces, d'en mettre quelques-uns dans un terrain sec et à l'abri de la gelée.

Culture. — L'artichaut demande une terre profonde, bien défoncée, s'il est possible, et bien fumée ; mais il n'y a aucun inconvénient à mettre de l'engrais, même pailleux, au moment de la plantation : on réussit toujours, car ainsi il fournit constamment à la plante la nourriture nécessaire à son lent développement.

Si la plantation doit avoir lieu au printemps, il faut, pendant l'été, tenir le terrain bien travaillé, afin que les plants n'aient rien à craindre de la sécheresse, qui les ferait périr.

En automne, vers la fin de novembre, on coupe toutes les grandes feuilles qui se croisent d'un rang à l'autre, ainsi que les tiges qui ont donné leurs fruits ; puis on donne un bon labour en ayant soin de ramasser la terre au pied de chaque plante. Ce buttage lui est d'un grand secours dans la mauvaise saison, ainsi que la couche de fumier dont on doit l'entourer avant de procéder à la façon sus-indiquée.

En mars ou à la fin d'avril, on la débarrasse de ces matières défensives pour lui enlever les œilletons nuisibles, car moins on en laisse, mieux cela vaut. Généralement, c'est deux par pieds ou trois au plus.

Les artichauts plantés dans un terrain riche et profond peuvent y demeurer dix et douze ans; mais dans un sol médiocre, il faut renouveler tous les cinq ans à peu près.

Variétés. — Les meilleures, pour notre région, qui est le vrai climat pour cette plante, sont :

Le gros vert de Provence, le *camus* de Bretagne et le *violet hâtif.*

Nota. — Il est un engrais de facile usage et qui pousse l'artichaut à une grosseur énorme : c'est *le sang à l'état liquide ou même coagulé,* qu'on trouve dans les abattoirs.

—

SALSIFIS

Tragopogon porrifolium (f. des Composées.)

Semis. — On le sème en mars ou en avril et en lignes, de manière à pouvoir bien le travailler, lorsqu'il est encore faible. Il faut, dans ce cas, laisser entre chacune 20 centimètres, et dans les rangs une distance de 5 centimètres à peu près.

Le procédé à la volée n'est presque jamais employé dans les jardins.

Le salsifis se sème comme les pois, mais il est nécessaire de le fouler dans le but d'assurer sa réussite, et ne pas négliger, plus tard, d'éclaircir le plant s'il en est besoin.

Culture. — Cette plante veut une terre douce, très-profonde et fumée longtemps avant le semis. L'engrais frais et pailleux priverait la plante des qualités qui la rendent précieuse pour la vente en forçant la racine à être fourchue et peu développée. Un bon arrosage est encore de rigueur, si le semis a été fait par un temps sec et s'il ne lève pas vite; on doit aussi le travailler souvent pour empêcher les mauvaises herbes de lui nuire en aucune façon.

Graines. — Celles de salsifis doivent être prises sur des plants de l'année précédente.

Remarque. — Dans les plaines du Lot-et-Garonne et de Toulouse, il se fait une grande culture de cette plante qu'on sème à la volée, tout comme l'avoine, et on la recouvre avec la herse. Cette manière de procéder me paraît mauvaise; il me semble que le semis sur lignes est préférable, car on ne voit jamais dans celui-ci, comme dans le précédent, de plaques de terrain nues et ne présentant aucun plant; ce qui indique clairement que ces contrées, qui sont des terres de prédilection pour cette plante, craignent les procédés vicieux et la routine.

SCORSONÈRE D'ESPAGNE
Scorsonera Hispanica (f. des Composées.)

Semis. — On le sème en mars et en avril, en planches ou en lignes.

La manière de procéder est la même que la précédente.

Culture. — Il demande le même terrain et les mêmes soins que le salsifis. Généralement dans nos contrées, on a la funeste habitude de laisser le scorsonère toujours à la même place, reproduit par sa semence, et se perpétuer ainsi de longues années. Certains jardiniers m'ont assuré l'avoir laissé agir pendant dix ans. La récolte est-elle alors toujours avantageuse? C'est ce dont je doute, car le sol n'ayant pas les façons nécessaires et étant toujours en contact avec les mêmes épuisants, doit nécessairement faire souvent défaut.

Graines. — Elles doivent être reprises sur des plantes de deux ans.

—

LAITUE
Lactuca sativa (f. des Composées.)

Semis. — On peut semer la laitue à toutes les époques de l'année; elle réussit parfaitement mais à la condition qu'il lui soit donné une exposition favorable. Ainsi pour l'hiver, c'est-à-dire en décembre, janvier et février, il faut mettre la laitue à une bonne exposition du midi, à l'abri d'un mur, en ayant soin de couvrir le semis pendant la nuit jusqu'à ce qu'il soit arrivé à une certaine vigueur, et qu'il ne craigne plus la gelée.

Bien que dans nos contrées le semis puisse être fait

en tous temps, il y a cependant deux époques principales, bien distinctes, qui sont : août et septembre pour la récolte de printemps, avril et mai pour celle d'été.

On sème, pour la saison d'hiver, la laitue de *Passions* et la *Brune-d'Hiver*, qui réussissent parfaitement lorsqu'elles sont bien exposées.

Si, au printemps, on se trouve dépourvu de ces légumes, on sème, avec les carottes et à la dérobée, la laitue *Gotte*, qui n'atteint qu'une très-petite grosseur ; elle sert ainsi de récolte provisoire et supplée au manque d'une qualité supérieure.

Variétés. — Les principales variétés sont : la laitue de *Versailles*, la *Blonde-d'Été*, la *Grosse-Allemande* et la laitue *Chou-de-Naples*. Cette dernière, quoique plus lente à pousser, a la qualité bien précieuse de se conserver longtemps tendre sans monter.

—

ROMAINE ou CHICON [1]

Lactuca longifolia (f. des Composées.)

J'ai voulu séparer la laitue proprement dite de la romaine, dans l'espérance que mes amis, les jeunes jardiniers, ne pourront plus les confondre.

Semis. — La romaine voulant être semée à la même époque que la laitue, et exigeant de plus les mêmes soins et les mêmes conditions pour le terrain, je ne m'y arrête pas davantage.

Variétés. — Les meilleures variétés, sont :

La romaine *verte maraîchère* du Midi, la *blonde ma-*

---

[1] Improprement appelée *laitue* dans nos contrées méridionales.

raîchère et la romaine de *Bazin* à graines noires, qui acquiert une grosseur énorme.

Les romaines *rouges* ne valent rien pour nos contrées ; inutile d'en cultiver, car on n'en fait aucun usage.

Culture. — Les romaines et les laitues demandent une terre légère, substantielle et fraîchement fumée.

Les principaux soins que réclame cette culture sont : de fréquents binages et des arrosages souvent répétés dans le but de maintenir longtemps les plantes tendres et belles.

Graines. — On conserve pour porte-graines les plus beaux pieds de chaque espèce, en ayant soin, si on veut l'avoir belle, de donner de fréquents arrosages, depuis le moment où la fécondation finit, jusqu'à l'entière maturité de la semence.

CHICORÉE FRISÉE ENDIVE

Cichorium crispa ou Endivia (f. des Composées.)

Semis. — Dans nos contrées du Midi, on commence vers le 7 ou le 8 mai jusqu'en fin août, sur couches sourdes, même au pied d'un mur où la terre serait légère et bien fumée. De plus, on sème assez épais afin qu'un très-petit espace puisse fournir assez de plants pour mettre en place, chaque mois, afin d'avoir pendant toute la saison une récolte abondante pour soi ou pour la vente ; dans ce cas, il faut avoir soin de semer tous les quinze jours, et l'on aura, chaque mois, de quoi garnir plusieurs planches.

Il est utile que le plant souffre un peu avant sa mise en place, car il pousse plus facilement. Il faut aussi pour son bien l'arroser souvent avec toutes sortes d'engrais liquides, tels que poudrette, purin, etc., que l'on ne devra jamais employer à l'état pur, car ces engrais ainsi employés brûleraient le plant.

Les semis de mai et de juin peuvent être faits en pleine terre, pourvu qu'elle soit douce et légère, et que le tout soit recouvert d'une bonne couche de terreau. Les soins étant les mêmes que pour le précédent, je passe outre, me bornant seulement à faire observer qu'il y a avantage à faire le semis en lignes, sur place, comme cela se voit quelquefois. On a remarqué que la plante tend toujours à monter. Le moyen que je conseille empêche souvent cet inconvénient pour la chicorée précoce.

Culture. — La chicorée, comme la laitue, demande une terre légère, profonde et fraîchement fumée. On la plante à 25 centimètres en tous sens, de manière à pouvoir lui donner des soins sans l'endommager ; il faut, avant de planter, couper les feuilles à 10 centimètres du collet de la plante dans le but de la voir reprendre avec plus de facilité.

Une fois mis en terre, chaque plant doit être copieusement arrosé, non avec la grille de l'arrosoir, mais bien avec le tuyau, et la planche tout entière soustraite aux influences atmosphériques par le moyen de couvertures faites soit avec des branches ou des feuilles sèches de toute espèce de légumes, soit avec des linges ; sans cette précaution, le plant serait toujours brûlé et la reprise très-difficile, surtout lorsqu'on plante par un temps très-chaud.

Les principaux soins que réclame cette culture sont : de fréquents binages et des arrosages copieux et souvent répétés.

Blanchiment. — La chicorée ayant atteint son développement habituel doit être blanchie, et pour cela, il faut choisir un jour sec et le moment où la plante l'est aussi complétement, et au moyen d'un lien de paille ou de jonc, la serrer fortement, en lui laissant toutes ses feuilles même les plus mauvaises. Après dix ou douze jours, elle peut être livrée à la consommation.

Remarque. — Si on travaille pour la vente ou l'approvisionnement d'un marché, cas où il est besoin d'avoir tout à point nommé, il faut, quatre ou cinq jours après avoir lié la plante, l'enlever sèche de terre et la priver d'air. Ce moyen lui donne une blancheur admirable qui la rend précieuse pour le débit.

Variétés. — Les meilleures sont, pour nos pays, la chicorée de *Meaux* et la fine d'*Italie*.

SCAROLE

Cichorium latifolia. (f. des Composées.)

Semis. — Les premiers semis se font en juin et juillet et se continuent jusqu'aux mois d'août et de septembre. Les soins et le blanchiment sont les mêmes que pour la plante précédente.

Culture. — La culture étant également la même que pour la chicorée, je me dispenserai d'entrer dans ces détails.

Variétés. — Les plus estimées sont : la scarole *ronde* de Paris et la *blonde d'hiver*.

On cultive encore dans nos contrées, et surtout à Lectoure, une variété appelée improprement scarole *verte*, que je désignerai, moi, sous le nom de scarole *blonde*, pommée d'hiver. Elle vient à merveille dans les jardins du midi de la ville, où elle donne d'excellents produits pendant toute la mauvaise saison. Sa forme est à peu près celle de la laitue de *Passion*, et son volume est extraordinaire, si la terre et les soins ont été appropriés ; c'est, en un mot, une plante recommandable pour le Midi.

—

POURPIER

Portulaca oleracea (f. des Portulacées.)

Semis. — On le fait à la fin d'avril et dans le courant de mai, dans une terre légère et bien divisée. Il faut avoir soin de semer très-clair et sur la surface du sol seulement, car cette petite graine ne doit être recouverte qu'au moyen d'un bon arrosage ou par une pluie naturelle.

Culture. — Ce qui convient le mieux à cette plante c'est un terrain riche en engrais et en terreau. Les principaux soins qu'elle exige sont : des binages, quand elle en a besoin, et de fréquents arrosages.

—

CONCOMBRES ou CORNICHONS

Cucumis sativus (f. des Cucurbitacées.)

Semis. — Ils se sèment en mai, en place, et l'on met ensemble quatre ou cinq graines dans l'intention de les séparer lorsque commencera leur croissance ou leur développement.

Culture. — Les cornichons demandent une terre douce, légère et abondamment fumée, même au moment du semis.

Voici, pour procéder à cette culture, une manière aussi simple que facile :

On ouvre, sur le terrain bien préparé, de petits trous ou cavités larges et profonds de 30 centimètres, qu'on remplit de terreau et dans lesquels est déposée la quantité de graines qu'on y destine.

Il est un moyen de facile exécution et qui active la germination de tous les cucurbitacées : c'est un arrosement fait avec un composé liquide de colombine ou autres matières de ce genre.

Les principaux soins nécessaires aux cornichons sont : de copieux arrosements et des binages ayant pour but non-seulement d'ôter les herbes nuisibles et gênantes, mais d'enlever de la plante en culture les feuilles jaunes qui commencent à pourrir.

Il faut observer aussi que la récolte de ces légumes doit être faite au moins tous les deux jours, ou ils perdent de leur valeur pour les besoins du ménage.

Variétés. — Les plus méritantes sont : le petit cornichon *vert,* ou celui de *Bonneuil* et l'Anglais *Défiance* mis dans le commerce depuis peu et méritant, sous tous les rapports, d'être recommandé dans le Midi. Soigné convenablement, il est aussi volumineux que le concombre *serpent.*

Graines. — Les porte-graines sont choisis parmi les pieds de la plus belle espèce et laissés sur place jusqu'à entière maturité de la graine.

COURGE

Cucurbita (f. des Cucurbitacées.)

Semis. — On sème la courge en pleine terre vers la fin d'avril ou au commencement de mai. Cette plante est, à l'état herbacé, d'un tissu tellement tendre, qu'on ne peut avancer l'époque du semis sans s'exposer à la voir emportée par les gelées tardives.

On sème les courges de différentes manières ; mais celle qui me paraît préférable et que je conseillerai, parce qu'elle réussit toujours, si on la pratique par un temps sec, consiste à pratiquer des godets ou creux de 50 centimètres de profondeur sur autant de largeur, qu'il faut remplir de fumier et recouvrir ensuite avec la terre qu'on a sortie du trou ; mais comme cette terre ne suffit pas pour faire une bonne butte, on ramasse tout autour du creux la terre nécessaire pour donner la hauteur voulue. Ce buttage forme sur le niveau du sol une hauteur de 60 à 70 centimètres, sur une largeur de trois mètres de circonférence. Cela fait, on ouvre sur la surface ainsi disposée, un trou en forme de cuvette destiné à recevoir le plant et à conserver l'eau nécessaire à son accroissement.

Culture. — Par ce que je viens de dire, il est aisé de voir que les courges aiment une terre douce légère et profonde, un bon défoncement, s'il est possible, et surtout beaucoup de fumier non consumé, c'est-à-dire frais; cette condition ne leur est pas nuisible. Lorsqu'elles sont bien reprises, ce qui arrive quinze ou vingt jours plus tard, on donne un fort binage ; ce travail étant fini, on met sur toutes les buttes un bon paillis qui conserve au sol sa fraîcheur et permet de l'arroser sans le voir durcir.

Il faut donner aux courges 3 mètres de distance en tous sens, et même plus, si le terrain est bon et qu'on désire de bons produits. De plus, une bonne façon est nécessaire et doit être pratiquée entre les buttes avant que les jeunes tiges en dépassent la hauteur; et lorsque leurs tiges flexibles commencent à se dérouler et à être battues par le vent, il faut les marcotter, ce qui se fait en mettant sur la tige, à l'aisselle d'une feuille rampante, une pelletée de terre pour la forcer à prendre racine et la soustraire par là à tout danger du vent.

Arrosement. — Il est peu de plantes avides d'eau comme la courge, et elle ne peut s'en passer que dans un bon défoncement. Dans tout autre emplacement, on n'obtient de bons résultats qu'à force d'arrosements copieux.

L'engrais liquide fait donner des produits extraordinaires.

Taille des courges. — Ce titre étonnera mes lecteurs de prime abord, parce qu'on ne taille pas les courges ; mais écoutez-moi, jeunes jardiniers du Midi, car le désir de vous être utile me presse de vous faire connaître une opération que je mets en pratique chaque année, et qui me donne les plus beaux résultats. Je ne taille pas les courges, moi non plus, mais je les pince, ce qui revient au même et c'est aussi facile. Voici comment j'opère :

D'abord, jamais je ne supprime aucun fruit, quel que soit le nombre dont le pied soit chargé, mais lorsqu'ils ont atteint la grosseur d'un beau melon, c'est-à-dire quand la courge est en pleine végétation, je pince plus ou moins sévèrement, eu égard au développement, la branche qui croît au point d'insertion où se trouve attaché le fruit, et que l'on peut appeler fausse branche ou faux bourgeon. Au moyen de cette opération, nous avons souvent des produits du poids réel de 60 à 70 kil., et ils ne coulent pas, comme le disent quelques jardiniers.

Variétés. — Les plus recommandables pour le midi de la France sont :

La courge de *Montpellier,* à écorce verte, une des meilleures de celles connues jusqu'à ce jour, le *potiron gros jaune* de Paris, la courge *musquée,* la courge *Saint-Lau-rent,* toutes très-précoces et productives, et les melonnées, soit la longue, la demi-longue et la ronde, toutes les trois sont de première qualité, et ont la propriété si précieuse de se conserver très-longtemps après avoir été enlevées de terre : reste encore la *melonnette* de Tou-louse, petite, mais très-bonne, quoique inférieure à la *verte* de Montpellier, elle est très-recherchée sur les marchés du Capitole.

Je ne donne ici que quelques courges comme choix, bien que j'en aie cultivé un grand nombre de variétés, l'expérience m'ayant démontré que, dans notre Midi, beaucoup d'entr'elles ne donneraient pas de bons ré-sultats.

MELON

Cucumis melo (f. des Cucurbitacées).

Melons de primeurs.

Un grand nombre de jardiniers du midi de la France voudraient, au printemps, des melons venus sur cou-ches, c'est-à-dire en pleine maturité ; ce serait, en effet, très-agréable, et c'est un désir bien légitime. Or, c'est pour satisfaire à ce désir, et pour rendre service en même temps à des amis, que je vais indiquer les moyens que nous employons à la Ferme-École pour avoir des melons mûrs du 1er au 15 mai.

Fumier. — Pour faire de bonnes couches où la chaleur se maintienne longtemps, il faut n'employer que le pur fumier de cheval ; et dans le cas où l'on ne pourrait en avoir une quantité suffisante, il faut y remédier en mettant en tas et à couvert le peu fourni chaque jour.

Couches. — Elles se font toutes de la même manière. On mesure d'abord en carré la dimension qu'on veut leur donner et qui doit être celle des coffres ; on mélange le mieux possible le fumier qu'on y destine, afin qu'il n'y ait point de ces volumes compacts appelés mottes, mais qu'il soit bien divisé. Cela fait, on commence la couche par l'une des extrémités, n'importe laquelle ; on lui donne immédiatement la hauteur généralement adoptée, qui est de 60 à 80 centimètres ; puis il faut la fouler le plus fortement possible en s'aidant de la fourche, mais de manière à mettre par ce tassement le fumier en contact avec lui-même, pour que la fermentation soit plus prompte et plus vive.

Lorsqu'on a fini de monter sa couche, il faut la tasser encore fortement en la suivant dans tous les sens, afin de la raffermir le plus possible. Cette opération se fait en marchant très-vite par dessus.

Si le tassement est indispensable aux couches de primeurs, les arrosages le sont aussi, surtout si le fumier est sec.

La dose ordinaire et suffisante est de quatre arrosoirs moyens par panneaux.

Il faut, après cela, mettre les coffres et les châssis pour que la fermentation commence son travail.

Réchaud. — On appelle ainsi une certaine quantité de fumier disposée comme les couches, moins la largeur qui n'est que de 40 centimètres, qu'on fixe solidement autour des coffres pour y entretenir et augmenter la chaleur. Cet engrais doit être renouvelé souvent, car il est bien entendu que la petite chaleur qui lui est naturelle ne dure pas toujours.

Avec notre beau soleil du Midi et des réchauds bien entretenus, nous aurons toujours des melons avant les établissements du Nord, malgré leurs beaux thermo-siphons.

Paillassons ou Nattes. — On donne ce nom à une espèce de tapis grossièrement façonné soit avec de la paille de seigle, de blé ou autres. Ces paillassons sont in-dispensables pour préserver de la gelée les couches et toutes sortes de semis de primeurs. Appliqués aux cou-ches, leur principal effet est de concentrer la chaleur dans l'intérieur du coffre en empêchant l'action directe sur le verre des astres lumineux. Il faut même, si l'on craint une gelée extraordinaire, couvrir les paillassons eux-mêmes au moyen de branches, de feuilles ou même de paille.

Terreau. — Le terreau est un mélange de terre et de toutes sortes de matières végétales en putréfaction. Les courges, les tomates et les choux lui donnent des qua-lités précieuses. Pour les plantations de primeurs, il est important, et c'est même une condition essentielle de mettre le terreau dans un lieu couvert, et cela vers le mois de septembre ou octobre, car, plus tard, les pluies arrivent, et il n'est pas alors toujours facile de le rentrer.

Châssis. — Les châssis sont des cadres en bois ou en fer, reliés par un certain nombre de traverses appelées *petit - bois*, destinées à supporter les carreaux. La longueur moyenne est de 1 mètre 30 centimètres sur une largeur de 1 mètre : leur utilité est connue de tous les jardiniers.

Les châssis en fer ont le double avantage de laisser pénétrer plus facilement la lumière et de ne pourrir jamais ; mais à côté de ces avantages se trouvent les inconvénients de briser une plus grande quantité de verres par suite de leur dilatation, et d'être moins bons conducteurs du calorique; ces raisons, jointes à quelques autres, me font préférer les châssis en bois et surtout ceux en bois injecté.

Coffres. — On appelle ainsi certaines caisses sans fond et construites sur place pour recevoir les châssis. Ces caisses doivent être munies à leur partie supérieure de pieds correspondant aux angles, servant au besoin à les hausser et toujours à les consolider. Les coffres à deux châssis sont plus commodes et plus économiques ; mais pour que les plantes reçoivent la même lumière et la même chaleur, pour que l'eau tombant sur le châssis puisse facilement s'écouler, il faut les faire en pente et, pour ce, leur donner 50 centimètres de hauteur d'un côté et 35 centimètres de l'autre.

Si, vers le 10 ou le 15 mai, on s'aperçoit que les melons ne peuvent plus tenir dans les coffres, on retire ces derniers, en ayant bien soin, pour ne pas les laisser détériorer, de les mettre à l'abri dans un hangar ou tout autre lieu.

Melons sur couches

Semis. — Nous semons nos melons de primeurs dans la première quinzaine de février en ne faisant la couche que pour un seul châssis ; et lorsqu'elle a atteint le degré de chaleur convenable, on la couvre d'une épaisseur de terreau de 15 à 20 centimètres ; arrivé à la température de la couche, ce dernier est labouré et mélangé soigneusement.

C'est alors qu'on sème la graine dans de petites raies

profondes de 5 à 10 centimètres, en ayant bien soin de la tasser fortement avec la main pour la mettre en contact avec la terre, d'arroser avec l'engrais liquide (la colombine) et placer les châssis.

Il est utile, l'expérience me l'a appris, de donner tous les jours un peu d'air au jeune plant, lorsque le soleil paraît, dans le but de le rendre plus vigoureux.

S'il arrive qu'on n'ait pas à sa disposition assez de pots pour repiquer, on peut parfaitement semer sur couches pour transplanter.

Pour cela, on prend sur un gazon de petites couches de 10 centimètres en tous sens qu'on dispose en ligne de manière à avoir le côté herbacé tourné vers le bas de la couche, à une petite profondeur, et on les recouvre de 6 à 8 centimètres de terreau.

Sur chaque cube on dépose quatre graines qui sont arrosées après avoir été couvertes.

Lorsque le plant est assez grand, on peut enlever les cubes avec précaution ou même les laisser, car ils ne gênent la plante en aucune façon.

Une fois les melons en place, il ne faut plus faire de nouvelles couches pour opérer de nouveaux semis, mais utiliser celles de ceux qui sont déjà plantés ; il ne manque jamais de place pour semer lorsqu'on fait plusieurs saisons de ces légumes.

Repiquage. — Règle générale pour toutes sortes de melons :

Lorsque le plant a développé deux feuilles, non compris les cotylédons, il faut le repiquer.

Pour cela, on prend des pots d'une dimension quelconque, si cependant on a le choix, il vaut mieux se servir de ceux qui auraient 10 centimètres en tous sens, et on met au fond de chacun un tesson pour empêcher que le terreau n'obstrue le petit conduit destiné à rejeter l'eau des arrosages.

Ensuite, on met une couche de terreau pris sur la culture du semis, afin que la plante ait moins à souffrir de la transition, et faire en sorte que la base du cotylédon arrive juste au milieu du pot pour que la racine se développe aisément.

Le repiquage terminé, on met les plants sur une couche chaude, par rangs et le plus près possible ; le vide qui existe entre eux doit être ensuite rempli de terreau qui, par sa chaleur, accélère la reprise.

Après avoir copieusement arrosé avec de la *précieuse colombine*, si on peut en disposer, on met immédiatement les châssis et des paillassons sur ces derniers si le soleil est ardent, car il ferait périr la plante encore trop faible ; si la couche s'est trouvée dans des conditions favorables, le plant se relève vingt-quatre heures après et la reprise est dès lors assurée.

Plantation et mise en place

La couche au degré voulu, on pratique sur le milieu une ouverture de la grandeur du pot où se trouve piqué le melon. On débarrasse ce dernier avec précaution du vase qui le contient et on le met en place en l'enfonçant jusqu'aux premières feuilles et en ayant bien soin de tasser la terre qui les entoure pour qu'elle adhère à la racine ; puis on arrose un peu chaque plante et on remet les châssis recouverts d'un peu de fumier si on craint qu'un soleil trop ardent ne nuise à la plante.

Nota. — On peut mettre deux pieds de melon par châssis.

Soins généraux

Lorsque les melons sont en bon état et un peu vigoureux, il faut hâter ce développement et cette force en leur donnant un peu d'air chaque jour aux heures les plus chaudes, mais toujours du côté opposé au vent, afin de ne pas les fatiguer inutilement.

Cette opération, nécessaire même pour les melons de primeurs, deviendrait nuisible faite par un temps pluvieux ou au moment des grandes giboulées de mars ou d'avril.

Lorsque les réchauds doivent être changés (ce qui n'est pas rare), il faut tenir le châssis rigoureusement fermé, non-seulement pendant l'opération, mais même un jour ou deux plus tard, car le fumier de cheval à l'état frais laisse se dégager une quantité de carbonate d'ammoniaque capable d'asphixier complétement la plante.

Les melons continuant avec vigueur leur développement, il faut leur procurer une riche floraison et une abondante récolte par le moyen de l'opération déjà citée plus haut, je veux dire l'air renouvelé souvent ; mais il faut remarquer que le châssis ne doit pas toujours être ouvert du même côté.

Il arrive quelquefois que la quantité d'air ainsi produite ne suffit pas ; dans ce cas, il est nécessaire de hausser le coffre au moyen de tessons placés sous chaque pied.

Les principaux soins que réclame cette culture sont : d'abord des arrosages à dose progressive à mesure que s'opère le développement, en tenant compte cependant du temps et de l'état du terrain.

J'ai l'habitude de ne jamais les arroser beaucoup avant la troisième taille, lorsque apparaît la fleur femelle; j'attends pour cela que les pétales soient fanés et les mailles de la grosseur d'un œuf.

Crémaillère. — On appelle ainsi une sorte de planche sur laquelle on a pratiqué transversalement de petites entailles nommées *crans,* destinées à donner l'air nécessaire aux plantes sous châssis, ce qui se fait en soulevant le châssis et posant ses bords sur l'un ou l'autre cran. La crémaillère est non-seulement utile mais même indispensable pour cette culture. Une seule peut donner de l'air à quatre degrés différents.

La hauteur moyenne est de 25 à 30 centimètres.

PREMIÈRE TAILLE

La première taille consiste à supprimer la tige principale au-dessus des deux premières feuilles séminales, non compris les cotylédons. Cette opération, appelée encore châtrer des melons, se pratique après la mise en place ou même dans les pots, avec le pouce et l'index.

DEUXIÈME TAILLE

L'effet de la première taille a été de faire développer vigoureusement les yeux des deux branches mères ; celui de la deuxième sera (lorsque les melons auront une grande vigueur et ils en ont toujours trop dans nos contrées), en taillant au-dessus de la quatrième feuille de la même façon que pour la précédente, de supprimer non-seulement la tige, mais même les deux yeux qui se trouvent à la base de chaque cotylédon et qui ne pourraient que donner naissance à des gourmands épuisant la plante. On peut toujours faire grâce aux cotylédons qui ne nuisent nullement.

Après la première taille, on aura soin de mettre un bon paillis sur toute la surface de la couche, afin de conserver la fraicheur en préservant l'évaporation.

TROISIÈME TAILLE

Elle consiste à pincer à la quatrième feuille les quatre nouvelles branches provenant des feuilles laissées dans la seconde opération ; mais il faut avoir soin de les diriger de chaque côté afin qu'elles ne se croisent pas et puissent plus facilement nouer leurs fruits.

QUATRIÈME TAILLE

Cette taille est la plus importante, et c'est dans sa réussite que le plus grand nombre des jardiniers échouent. Plusieurs propriétaires de nos contrées sont venus me demander, à la Ferme-École, quelques notions pratiques pour cette culture en m'avouant que depuis dix, douze et quinze ans qu'ils la pratiquent, ils obtiennent des plants d'une vigueur extraordinaire, mais jamais des fruits.

Il est vraiment fâcheux de voir l'objet de tant de soins s'envoler en trompeuses espérances. Que manque-t-il donc à ces plantes dans de telles conditions ? Ce n'est certainement pas la taille, car elles sont taillées et retaillées encore ; mais c'est parce que ces opérations sont faites sans savoir et sans principes que tant de soins échouent.

Ce que j'ai dit à ces propriétaires dans leur intérêt, je vous le dis aussi, lecteur, dans l'espoir que la mise en pratique sera suivie de la réussite.

Chaque branche qui vient après la troisième taille amène avec elle plusieurs fleurs femelles (fruits).

Dans nos contrées, les melons sont très-vigoureux il est donc prudent d'arrêter cette activité en pinçant les branches ou supports.

Certains jardiniers prétendent qu'il faut pincer à une feuille ou à deux au-dessus du fruit; mais en procédant ainsi, il m'est arrivé de voir couler tous mes melons. Et en effet, il arrive alors que tous les petits fruits ou *mailles*, encore à l'état herbacé et par conséquent très-faibles, ne peuvent absorber la quantité de séve arrêtée par le pincement dans son mouvement d'ascension, et c'est ce refoulement qui force l'écoulement.

Il est donc plus avantageux, dans nos contrées, d'attendre de pouvoir pincer à la quatrième feuille au-dessus du fruit, pour que les mailles, alors un peu développées, ne puissent être étouffées comme dans le cas précédent; on a presque toujours alors l'avantage de voir les mailles se nouer sur la branche.

Bien que nous cultivions les melons sur une grande échelle pour la vente, nous laissons cinq ou six fruits à chaque pied et ils sont toujours fort beaux.

CINQUIÈME TAILLE

Les fruits étant bien noués, les branches deviennent inutiles; il faut donc les pincer toutes sur leurs premières feuilles et renouveler l'opération lorsqu'elles apparaissent de nouveau, afin qu'elles ne puissent former des touffes avec celles qu'on doit conserver.

Fruits. — Généralement on laisse les melons mûrir tels qu'ils se trouvent placés; cependant on peut contribuer à leur faire avoir une forme avantageuse en leur donnant, quand ils sont encore jeunes, une perpendicularité, ce à quoi on parvient en posant la base sur la terre.

Ce moyen corrige la difformité de certains de ces fruits.

Il est nécessaire, en outre, surtout dans leur premier développement, d'ombrer soigneusement les melons avec des feuilles, car l'action directe des rayons solaires leur nuirait infailliblement.

Ces soins sont nécessaires aux melons sur couches comme à ceux qui sont en pleine terre. Dans nos contrées, ces derniers sont plus exposés que les autres.

Arrosements. — Pour avoir de bons melons, on arrose le moins possible, on laisse même souffrir un peu la plante, et, quand on reconnaît que le besoin s'en fait sentir, on donne un arrosement très-copieux de préférence à plusieurs répétés.

L'engrais qui leur donne en peu de temps une grande vigueur est la galinée délayée [1].

Les principes que nous venons de donner sur la taille et les soins sont les mêmes pour toutes les variétés de melons.

Melons en pleine terre sur ados

Culture. — Pour hâter la fructification de ces melons, nous les semons sur les couches, les repiquons et les mettons ensuite en pleine terre vers la première quinzaine de mai.

Préparation du terrain. — Ces fruits aiment une terre légère et substantielle et surtout une exposition

---

[1] Voir pour les arrosages : *Soins aux melons sur couches* p. 112.

méridionale, quoique dans notre région ils réussissent partout.

Le terrain prêt et la quantité de melons déterminée, on ouvre, au moyen du pellevert, une tranchée d'une profondeur de 40 centimètres sur autant de largeur ; on fait en sorte que les lignes soient ouvertes sur le midi et le plus droites possible pour que les plantes reçoivent la même lumière et la même chaleur.

Après cela, on met une certaine quantité de fumier dans la tranchée pour la remplir, et on recouvre ce fumier avec la terre qui a été retirée de la cavité. Si cette quantité de terre n'est pas suffisante, on en prend de chaque côté de manière que sur tout l'ados il y ait une épaisseur de 23 centimètres de terre ; le tout est nivelé au moyen du râteau, et aplani à cause des arrosages.

On trace après sur l'ados, en se servant du cordeau, une raie qu'on divise en espaces de 1 mètre 20 centimètres, distance ordinaire d'une plante à l'autre.

Il faut observer qu'on doit ombrer le jeune plant pour ne point l'exposer à être fatigué par le soleil.

Lorsqu'on fait plusieurs ados, on laisse entre eux une distance de 2 mètres.

Environ quinze jours plus tard, on donne un binage sur toute la surface en culture, puis un bon paillis ayant pour effet d'empêcher le développement des mauvaises herbes, et d'entretenir la fraîcheur en facilitant les arrosages.

L'espace entre les ados doit aussi être travaillé, afin de faciliter, sur chaque côté, le développement des racines.

Melons sur cône ou butte

Culture. — Elle est exactement la même que celle décrite plus haut ; je n'en parlerai donc que pour dire ma franche opinion sur ce genre d'opération. Et d'abord, bien qu'elle soit généralement adoptée dans le département du Gers, surtout chez les propriétaires qui ne cultivent ce fruit que pour leur consommation personnelle, je dis que la culture des melons sur cônes est mauvaise dans nos contrées méridionales, et qu'on ne doit l'employer que dans des terrains naturellement compactes et humides.

Les melons sur cônes demandent, dans notre région, de fréquents et copieux arrosages, leurs racines étant toujours très-sèches par suite de leur exposition à l'action des fortes chaleurs qui règnent en ce moment, et cependant de deux choses l'une : ou les melons arrosés abondamment seront mauvais outre mesure, ou ainsi placés (sur cônes) et privés de ce secours, ils seront flétris, desséchés et insipides.

Ainsi donc, ami lecteur, je conseille, dans votre intérêt, la *culture des melons sur ados.* En suivant les principes que je vous ai décrits, vous obtiendrez infailliblement des fruits en quantité et de première qualité; car voyez-vous, notre beau soleil du Midi doit nous obtenir des melons d'une qualité infiniment supérieure à ceux cultivés par les artistes maraichers de la capitale, bien que les espèces soient les mêmes.

Variétés. — Les meilleures pour le Midi sont :

Le melon d'*Archangel,* le melon *noir des Carmes,* le melon *hâtif du printemps,* le gros et le petit *Prescott,* le melon *Cantaloup,* le *sucrin* de M. Bailly, excellent et très-fertile; le petit *Ananas* et le petit *sucrin* de Tours, très-bons, mais trop petits pour être cultivés pour la vente.

Quoique, pendant très-longtemps, j'aie cultivé une collection nombreuse de ces fruits, je me suis fixé maintenant aux cinq espèces ci-dessus, comme étant les plus précieuses pour nos contrées.

Généralement, on mange, dans le Midi, de très-mauvais melons, par la raison bien simple qu'on ne cultive que de très-mauvaises variétés.

Graines. — On conserve toujours pour porte-graines les fruits les plus avantageux comme type d'espèce, qu'on laisse bien mûrir ; alors on retire la graine qui doit être lavée et immédiatement séchée, et dans ces conditions, elle peut se conserver très-bonne pendant huit ou dix ans. — Je n'emploie pour mes semis que la graine la plus ancienne. Cette année (1864), j'ai semé celle récoltée en 1857, et bien certainement je n'aurai pas à m'en plaindre.

Avis. — Je ne partage pas, au sujet de la fécondation, l'opinion de ceux qui prétendent qu'on ne peut cultiver plusieurs variétés ensemble sans les voir presque aussitôt complétement abâtardies et n'être plus bonnes à rien. Je crois cette raison sans principes et dépourvue de tout fondement; car on sait que la fécondation des plantes peut s'effectuer à des distances incommensurables, et, dès lors, elle peut avoir lieu d'une extrémité à l'autre du jardin comme sur le même carré, et la preuve, c'est que je cultive ensemble, dans le même jardin, melons, courges, cornichons, pastèques, sans reconnaître jamais la moindre variation dans ces espèces.

MELON D'EAU. — PASTÈQUE A CHAIR BLANCHE

Cucurbita Citrullus (f. des Cucurbitacées.)

C'est une plante bien plus vigoureuse que le melon qu'on sème **au** commencement de mai ; elle veut être traitée en tout point comme la culture sur ados, hors la taille dont il faut lui faire grâce, et les arrosages qu'elle veut plus abondants, et il n'y a pas d'inconvénients à cela, car ces fruits ne doivent pas être mangés comme le melon.

Usage ou emploi. — Il s'en fait, dans le midi de la France, une grande consommation ; dans tous les ménages, on l'associe, après une abondante récolte de raisin, pour les confitures, au moût, aux melons, aux coings et aux poires.

La confiture de pastèque seule, sans mélange, telle que savent la préparer certaines personnes du Midi, est, à juste titre, une des plus estimées.

ASPERGE

Asparagus Officinalis (f des Asparaginées.)

Semis. — On sème la graine d'asperge en mars et avril, dans une terre douce, légère et très-riche d'engrais ; mais il est nécessaire de commencer par donner un bon labour en temps sec ; cela fait, on sème à la volée ou en lignes, cette dernière manière est préférable, par a facilité qu'on a ensuite de pouvoir les travailler et empêcher, par ce moyen, le développement des herbes nuisibles.

Les lignes doivent avoir entre elles une distance de 10

à 15 centimètres sur une profondeur de 10 centimètres.

Cependant, cette graine se semant comme les pois, on est libre de donner la distance que l'on veut, en observant pourtant de ne pas *semer trop épais*, afin que le plant soit plus vigoureux, et de donner un peu plus de profondeur aux raies. Si le temps est sec, on donne un bon arrosage avant de couvrir la graine, puis un bon binage quand elle a levé ; ces deux procédés donnent au plant une vigueur extraordinaire.

PRÉPARATION DU TERRAIN POUR LA PLANTATION

On doit choisir, à cet effet, le terrain le meilleur du potager, le mieux exposé au midi, et le carré le plus bas ; puis il faut donner, selon l'expression, usitée dans nos contrées, un défoncement à bras de 60 à 70 centimètres, dans lequel on enterre le fumier.

Plantation

L'époque favorable est toujours en fin février et pendant le mois de mars. Le terrain préparé, on ouvre à la surface, au moyen du pellevert et d'un cordeau, un fossé large et profond de 40 centimètres, et l'on dispose sur chacun des côtés, à 40 centimètres, la terre retirée de la cavité, puis on fait dans le fossé, avec cette terre bien divisée et très-fine, de petits cônes de la hauteur de 10 centimètres, destinés à porter le plant. La distance entre eux doit être de 70 centimètres, et de 40 sur le bord du terrain défoncé. Cela fait, on mesure à partir du milieu du premier fossé un espace de 70 centimètres pour en placer un second, puis un troisième et ainsi de suite, en conservant entre eux la même distance pour que les plantes se rencontrent toujours en quinconce, c'est-à-dire en ligne droite en tous sens.

Alors on procède à la plantation en plaçant sur chaque butte une plante dont les racines écartées doivent être légèrement pressées sur la circonférence, pour les faire adhérer à cette terre, et recouvertes ensuite, avant de combler le fossé, d'une mince couche de 7 à 8 centimètres de terre fine, et l'on remplit la jauge jusqu'à 20 centimètres du bord d'un bon terreau mélangé de colombine ou d'un peu de poudrette.

On peut, si on le désire, mettre les asperges en planches de trois rangs ; cependant, je ne saurais le conseiller pour deux raisons : la première, parce qu'on est obligé de fouler les rangs du bord pour couper celui du milieu ; la seconde, parce que celui qui se trouve ainsi entouré n'est jamais aussi vigoureux, ayant moins de nourriture.

Si l'on veut établir plusieurs planches, il faut toujours laisser entre chacune 1 mètre 50 centimètres de distance.

Choix des Griffes. — Quant au plant, on prend celui de deux ans et même d'un an, pourvu qu'il soit fort et vigoureux.

Culture. — Pour être belle, bonne et précoce, l'asperge veut une terre douce, profonde (mais pas outre mesure) et une exposition méridionale.

Je dis outre mesure, car je sais bien que des gens ont l'habitude de l'enterrer, je dirai presque de l'anéantir ; il faut, pour la première année, ne la mettre qu'à 25 centimètres de profondeur au plus.

Les principaux soins à donner sont de fréquents binages, afin que les herbes nuisibles n'aient jamais le temps de les entourer ; puis quand viennent les froids et les gelées, il faut couper les tiges de ces plantes à 10 centimètres au-dessus du sol, et, pour les garantir de tout mal, les couvrir d'une bonne couche de fumier sur laquelle on mettra une plus mince couche de terre.

Elles peuvent ainsi sans peine braver la saison mauvaise, et quand vient le mois de mars, on donne un bon labour ; on fait en sorte que les racines ne puissent pas être endommagées.

Pour avoir des asperges d'une belle grosseur, il faut les arroser en automne plusieurs fois avec du purin, qu'on répand sur le turion ou rudiment des tiges, ou bien avec de la poudrette.

Il est d'usage de ne couper les asperges que vers la troisième année dans le but de leur laisser prendre une grande force. Dans toutes ces conditions, on peut les couper après chaque année, jusqu'en juillet, puis les laisser se développer en pleine liberté.

L'asperge étant une vraie plante du Midi, il est à regretter qu'elle soit si peu cultivée et si méconnue, malgré ses qualités et le profit qu'en tireraient infailliblement les jardiniers de nos petites villes.

Variétés. — Les plus estimées sont la *grosse violette* de Hollande, et les nouvelles et très-belles variétés d'Argenteuil qui ont emporté le prix d'honneur de l'Exposition universelle de 1867.

PATATE

Convolvulus Batatas (f. des Convolvulacées.)

Dans le courant d'avril, on met sous les châssis des couches à melons de primeurs des tubercules de patates, mais sans les enterrer, et on les laisse ainsi jusqu'à ce qu'on voie que de nombreux bourgeons commencent à se développer ; alors on leur crée une place, mais dans le sens où ils étaient placés et sans les couvrir entière‑ ment ; on les laisse ainsi sept ou huit jours, et de nombreux bourgeons très-vigoureux se montrent encore, c'est, le moment de faire des boutures. Si l'on est pressé on peut néanmoins les laisser ainsi en les arrosant un peu tout autour.

Boutures. — Lorsque les bourgeons ont atteint une hauteur de 10 centimètres, on enlève légèrement avec la lame du greffoir la partie où ils prennent naissance, en leur conservant un petit empâtement. Après avoir fini de les séparer, on les pique dans des pots comme les melons, car ils réclament les mêmes soins que ces derniers. Lorsqu'ils commencent à passer, on peut les mettre en pleine terre vers le 10 mai.

Plantation en pleine terre

Pour avoir de beaux rendements et de beaux tubercules, il faut préparer le terrain sur ados, comme pour les melons, en ajoutant sur toute la longueur de l'ados, à l'endroit où doivent être les plantes, une couche de bon terreau, et laisser entre chaque plante une distance de 60 centimètres. Plus tard, lorsque les branches, déjà bien développées, descendent du haut de l'ados, on donne un bon binage sur toute la surface du terrain, puis de copieux arrosages qui donnent à la plante une grande vigueur. Les branches rampent quelquefois sur le sol jusqu'à trois mètres du pied-mère, et leurs petites fleurs, si belles et si nombreuses, arrivent à la fin du mois d'août.

Il se fait aussi des plantations en pleine terre ou sur couches ; dans le premier cas, il faut une terre légère et très-riche, et les produits sont proportionnés aux soins qu'on leur donne ; dans le second cas, c'est-à-dire sur couches[1], il faut de fréquents arrosages sans lesquels on n'obtiendrait que quantité de branches et peu de tubercules.

Récolte. — Par un beau jour d'octobre on arrache les tubercules et on les laisse exposés à l'ardeur du soleil, afin de les sécher parfaitement.

Conservation des tubercules

Pour conserver les tubercules qui doivent fournir au printemps pour la multiplication, il suffit de les mettre, lorsqu'ils sont secs dans un panier ou toute autre chose avec du foin très-sec, de manière qu'ils ne puissent nullement se toucher ; ou bien, en caisse ou par couches avec des balles d'avoine très-sèches aussi et les laisser exposés tout l'hiver au coin d'une cheminée où l'on allume constamment du feu, afin que la température soit toujours la même.

Variétés. — Les meilleures parmi celles que j'ai cultivées sont :

La patate *grosse jaune,* la patate *Ile-de-France,* la *blanche* de Taïti, l'*Ovoïde-Sageret* blanche, et les *rouges* soit la *longue,* soit la *ronde* de Malaga.

---

[1] On peut utiliser celles qui auraient servi aux divers semis et repiquages du printemps.

FRAISIER

Fragaria (f. des rosacées).

Culture. — Il faut donner aux fraisiers une terre franche, légère et abondamment fumée.

L'époque la plus favorable pour la plantation est la fin de septembre et le mois d'octobre ; elle réussit toujours mieux que celle du printemps : si de fortes gelées ne surviennent pas, on possède des fruits l'automne suivant.

Les principaux soins à donner à ces plantes sont de fréquents binages, profonds le plus possible, surtout en mars et en avril. Au commencement de mai, on leur donne un bon paillis chargé d'entretenir la fraîcheur et empêcher que la terre, le sable, ou autres matières n'adhèrent à la surface de la fraise.

En automne, c'est-à-dire vers la fin de novembre, on les travaille fortement en sortant tous les filaments ; puis on les couvre jusqu'au niveau des feuilles de fumier et d'un bon terrage, en les laissant à peine paraître sur le sol.

Dans nos contrées on n'a abondance de ces fruits qu'en les arrosant beaucoup et souvent. On peut se servir à cet effet d'engrais liquides, tels que poudrette, purin, etc. ; les produits alors deviennent de toute beauté.

Plantation. — Le terrain prêt, on plante les fraisiers en planches toujours à rangs, en laissant entre chacun une distance de 25 centimètres, et 30 centimètres à peu près entre les plants des fraises des *Quatre-Saisons* et *Gaillon*; une distance de 40 centimètres en tous sens est nécessaire pour les autres grosses espèces.

Multiplication. — La multiplication se fait par le

moyen des coulants chez les espèces qui en produisent, et par les œilletons chez la fraise *Gaillon*.

Variétés. — Les variétés les plus avantageuses, parce qu'elles produisent le plus, sont : la fraise des *Quatre-Saisons*, la fraise *Buisson* ou *Gaillon*, à fruits rouges. Pour nos contrées, je donnerais la préférence à cette dernière, car ses fruits sont plus beaux que ceux de la première, elle ne s'épuise pas en fils et exige moins de travail. Ce qu'il faut considérer dans toutes les cultures, après les soins donnés, c'est l'économie du temps qui est si précieux.

Variétés à gros fruits. — On possède aujourd'hui une collection immense de fraises ; mais je ne citerai que celles dont l'expérience m'a fait connaître les beaux produits : on peut donc placer en première ligne la fraise *ananas,* puis le *Prince-Albert* et la fraise *Sir-Harry.*

Il me resterait encore à parler de deux arbustes fruitiers faisant partie du potager, le groseillier et le framboisier ; mais, ne voulant pas sortir du cercle que je me suis tracé, je réserve cette culture pour un autre travail.

J'aurais pu, dans le début de cet ouvrage, parler des honorables récompenses qui m'ont été décernées par la Société d'Agriculture et d'Horticulture du Gers ; car, au siècle où nous sommes, il faut paraître en public couvert d'or et de soie. Mais à quoi bon ! J'ai voulu m'inspirer de l'exemple des grands hommes du Midi, et comme dit Jasmin, *paraître au naturel.*

V

Taille précoce des arbres fruitiers et de la vigne

Lorsqu'on sait une chose utile et profitable à tous, on doit, d'après moi, chercher à la répandre dans l'intérêt du bien public, cette idée m'inspire de publier quelques notes qui tourneront, je l'espère, à l'avantage des am.s du progrès qui voudront en faire l'essai.

La taille des arbres fruitiers a été, depuis quelque temps en France, l'objet de vives discussions de la part d'hommes éminents au point de vue de l'horticulture.

Je suis loin de partager l'opinion de ceux qui prétendent qu'on ne doit point tailler les arbres fruitiers, que la taille est plutôt nuisible qu'utile. Certes, cette opinion n'est pas près de se faire jour parmi nous, qui sommes parfaitement convaincus au contraire que la taille bien comprise, bien pratiquée, est très-utile et restera toujours, il faut l'espérer, une source de richesses pour nos jardins, car, seule elle peut entretenir chez nos arboriculteurs cette noble émulation capable de conduire à un progrès solide et réel. Sans me ranger tout-à-fait du côté de ces Messieurs, je dis qu'il y a quelque chose de vrai dans ce qui est soutenu, et, quant à moi, je crois qu'il est urgent de changer certains principes reproduits depuis un temps immémorial, qui, appliqués comme ils le sont à la taille d'arbres fruitiers ou autres, conduisent à des résultats tout-à-fait contraires à ceux qu'on doit en espérer.

Les auteurs qui ont écrit sur l'arboriculture depuis des siècles jusqu'à nous, disent, en traitant des époques de la taille que le moment le plus favorable est février et mars. Partant de ces données, ils ont établi les principes suivants dans le but unique d'activer ou de ralentir la végétation, selon la vigueur des sujets et au profit des productions fruitières, ainsi : tailler très-tard les arbres vigoureux et de bonne heure les arbres faibles.

Agissant d'après ces règles, on doit autant que possible, lorsqu'on a des arbres vigoureux, en retarder la taille jusqu'à la fin de mars ou même jusqu'en avril, afin de supprimer une certaine quantité de séve dont l'effet serait de contrarier le développement des productions fruitières.

Cette pratique est, selon moi, en opposition directe avec les lois naturelles de la végétation, et voici mes raisons :

Quels sont les arbres qui doivent être taillés tard? C'est évidemment, pour les arbres à pépins, le poirier et le pommier greffés sur franc.

Or, voyons ce qui se passe en suivant le principe énoncé plus haut. Supposons une plantation de poiriers et le pommier greffés sur franc.

Or, voyons ce qui se passe en suivant le principe énoncé plus haut : supposons une plantation de poiriers sur franc dont la vigueur semble promettre une végétation luxuriante. On les taillera très-tard chaque année afin de les affaiblir. On attendra même dans cette condition de vigueur que ces arbres soient en pleine végétation pour supprimer une plus grande quantité de séve afin de les affaiblir davantage ; et cependant on ne parviendra jamais à les mettre à fruit avant la sixième, la septième et quelquefois même la huitième année.

Combien de temps faut-il aux productions du poirier pour se transformer en boutons à fruit ?

Généralement trois ans.

Que se passe-t-il alors pour que le poirier sur franc ne se mette à fruit que vers la septième ou la huitième année ? Est-ce manque de séve ? évidemment non, puisqu'on les taille très-tard pour en maitriser la vigueur. Savez-vous, lecteur, quelle est, selon moi, la cause du peu de fertilité de ces arbres ? C'est la taille tardive.

Et d'abord en taillant tard, on supprime une grande quantité de séve, qui, distribuée dans toutes les parties, aurait donné à chaque ramification la force de se développer dans les conditions qui lui sont propres.

De plus, nous savons : 1_o que la séve ascendante, puisée par les racines tient en dissolution des sels et des gaz qui ne sont propres qu'à l'élongation annuelle et à faire développer les parties foliacées ; 2° que la séve descendante, élaborée par les feuilles, renferme au contraire l'hydrogène, l'oxygène, le carbone et l'azote, principes vitaux éminemment nutritifs.

Si donc on taille de bonne heure, immédiatement après la chute des feuilles, par exemple, on prédispose certainement les arbres à se mettre à fruit, car on réserve pour les productions fruitières, la séve qui infailliblement aurait été absorbée par les branches que l'on supprime. En effet, puisque nous savons que c'est la séve descendante qui fournit le plus de sucs nourriciers et hâte la fructification, nous devons faire notre possible pour la conserver abondante et la forcer à se distribuer dans les parties fruitières ; et ce résultat ne peut s'obtenir que par la taille précoce.

Voici, à cet effet, quelques-unes des nombreuses expériences faites par moi à la Ferme-École.

En 1856, je plantai au jardin cinquante-deux poiriers sur franc, en palmettes ou pyramides. Tous ces arbres reçurent évidemment les mêmes soins, chacun selon sa forme, et devinrent très-vigoureux.

Les trois premières années, je ne comptais nullement sur du fruit, me trouvant obligé de les tailler assez court pour faire développer la série des branches nécessaires à leur forme ; l'ayant obtenue, je songeai à avoir du fruit.

Appliquant ici mes principes je soumis, la troisième année, une grande partie de ces arbres les plus vigoureux à la taille précoce et les autres à la taille tardive. Qu'arriva-t-il ? Ce que j'avais prévu : Les arbres soumis à la taille précoce se chargèrent de productions fruitières dès la troisième année, et quelques espèces plus fertiles en donnèrent même dès la seconde, tandis que les autres de même vigueur, mêmes espèces, mêmes formes, mais traités par la taille tardive, demeurèrent tout-à-fait stériles. A l'appui de ce que j'avance, je dois ajouter que j'ai au jardin des poiriers plantés depuis dix ans, taillés très-tard chaque année à cause de leur grand vigueur et qui n'ont jamais donné un seul fruit.

Ce que j'ai dit du poirier sur franc s'applique également au poirier sur cognassier, mais avec cette heureuse différence que celui-ci, quels que soient sa vigueur et son peu de fertilité, donnera invariablement du fruit dès le troisième année. J'ajouterai même qu'il m'est arrivé plusieurs fois en taillant en automne des sujets Duchesse d'Angoulême habituellement si fertiles, de supprimer tous les boutons à fruits pour les faire passer à bois, et malgré cette précaution, ils étaient si nombreux au printemps, qu'il eût été impossible d'imaginer qu'on en avait supprimé.

Il me serait facile, en parcourant d'un œil rapide les différentes contrées du Gers, de prouver que le poirier sur cognassier n'est pas fertile dans tous les jardins, mais cela m'entraînerait trop loin et m'éloignerait du but que je me suis proposé.

Je dirai donc, en me résumant, que la taille précoce appliquée spécialement aux arbres à pepins, et généralement à tous est, selon moi, la seule dont on puisse attendre de prompts et d'heureux résultats, car elle a pour but de conserver une plus grande quantité de séve descendante seule capable de produire, d'alimenter et de développer convenablement les boutons à fruit.

Si je préconise ainsi la taille précoce, ami lecteur, c'est que j'en connais les précieux résultats, et que depuis que je la pratique ainsi, j'ai le plaisir de voir chaque année mes arbres surchargés de fruits, et de plus, je n'ai rien à craindre des gelées tardives si redoutées dans nos contrées pour la fructification. Pendant l'été 1866, les fruits manquèrent partout dans le Gers, à Bazin j'en étais encombré. Cet avantage je l'attribue à la taille précoce, et l'avenir me promet le même succès si je la pratique encore.

Je serais bien heureux si ces lignes engageaient quelques personnes à en faire l'essai, mon but serait atteint, car je suis persuadé que les bons résultats ne se feraient point attendre.

DE LA VIGNE

La vigne est une des productions les plus lucratives de l'agriculture pour la région méridionale ; elle est pourtant, de toutes les cultures, celle qui a fait le moins de progrès. Quelques hommes éminents s'en sont cependant bien occupés, mais toujours au point de vue scientifique et jamais pratique ; d'autres, dans ces derniers temps, l'ont aussi étudiée, mais pour connaître les différents systèmes de culture adoptés en France. On doit pourtant savoir gré à un de ces savants, M. le docteur Guyot, qui, lui seul, a fait faire plus de progrès à la viticulture française dans l'espace de cinq ans qu'elle n'en avait fait dans cinquante.

Mais quel que soit le génie de l'homme, il a cependant ses limites ; Dieu semble lui avoir dit, comme à la mer : Tu iras jusque-là et tu ne passeras pas ces bornes. En effet, chacun ne découvre jamais que ce qu'il lui est réservé de découvrir. Aussi voit-on, même de nos jours, des hommes de grand talent, suivre pour certains travaux les principes posés par leurs ancêtres et dénués souvent de tout fondement.

TAILLE DE LA VIGNE

Depuis un temps immémorial la vigne est taillée très-tard, généralement par tous les propriétaires de nos contrées, dans le but de la préserver des gelées tardives, sans qu'ils se rendent compte, à eux-mêmes, que cette manière d'agir est en opposition directe avec les résultats qu'ils veulent obtenir, tellement l'opinion est accréditée parmi eux que la vigne doit geler d'autant plus facilement qu'elle est taillée de bonne heure.

Je vais tâcher aujourd'hui de prouver le contraire de ce qui a été avancé à cet égard :

Le jardin de la Ferme-École de Bazin où je fais, depuis onze ans, des essais relativement à la taille précoce ou à la taille tardive de la vigne, se trouve enclavé entre deux monticules boisés, et dans un vallon extrêmement froid et humide.

Je suis toujours certain que, s'il gèle quelque part, ce doit être au jardin de la Ferme-École : c'est inhérent à sa position. Eh bien ! c'est dans cette situation et sur un contre espalier où la vigne est élevée, selon le système adopté à Thomery, que mes études comparatives ont été faites.

La moitié de cette treille a toujours été taillée à la fin de septembre ou dans le courant d'octobre, et le reste en février, mars et avril.

Les gelées tardives de 1860 et celles du 7 mai 1861, détruisirent presque complétement les bourgeons de la partie taillée au printemps ; tandis que les bourgeons de celle taillée en automne résistèrent parfaitement malgré leur exposition moins favorable.

Les végétaux, en effet, résistent d'autant moins à l'action de la gelée que la séve absorbée est moins exposée à l'influence extérieure de l'atmosphère.

C'est ce qui se produit et il n'est pas difficile de voir que lorsqu'on aura taillé tard une vigne et que les gelées tardives arriveront, les plaies n'étant pas cicatrisées, la séve étant entrée en mouvement, par conséquent, comme on le dit vulgairement, la vigne pleurera ; et, plus la sécrétion des pleurs sera abondante, plus elle sera exposée à périr.

Nous savons tous que souvent, dans nos contrées, certains arbres fruitiers tels que le pêcher, l'abricotier, périssent lorsque la température baisse, soit au moment de la floraison, soit même en automne. Or, ce n'est pas sur le tissu qui constitue la charpente solide du végétal, que s'exerce l'action du froid, mais bien sur les liquides renfermés dans les tissus.

Dans un arbre, les couches extérieures sont peu humides, et par cela même, résistent au froid. Les couches intérieures, au contraire, l'aubier et le filier, étant très-aqueuses, sont souvent profondément altérées. Voilà la cause du dépérissement que nous constatons dans nos arbres fruitiers depuis quelques années.

Par la taille précoce, il n'y a aucune perte de séve ; tout est contenu dans les coursons au profit des yeux qui poussent au printemps avec grande vigueur des bourgeons mieux constitués que ceux qui viennent à la suite d'une taille tardive. Les premiers, forts et vigoureux, résistent presque toujours à une plus basse température, tandis que les derniers, faibles et délicats, gèlent presque toujours.

Un fait arrivé à Lectoure, il y a près de douze ans, vient tout à fait à l'appui de ce que j'avance et pourra convaincre quelques incrédules.

Un propriétaire de Lectoure, M. Goux, à Cailleva, avait taillé sa vigne au quartier du Gras, et très-tard, bien entendu, pour la garantir des gelées tardives. Or, qu'arriva-t-il ? Les maudites gelées survinrent ; la vigne pleurait ; elle avait bien raison ; une mauvaise nuit donna une telle leçon au propriétaire, qui fut on ne plus étonné de trouver le lendemain une vraie chandelle de glace, de dix centimètres environ à chaque courson, c'étaient les pleurs congelés, tous les coursons avaient péri : on fut obligé de tout recéper.

Et, cependant, une vigne attenante, celle de mon confrère Gayraut, taillée plus de bonne heure, n'eut presque pas à souffrir de cette même gelée.

Ce sont pourtant là des leçons qui devraient porter leur fruit ; mais la routine est aveugle, et de cet aveuglement volontaire, réprouvé aujourd'hui de tout homme intelligent.

Pour combattre cette maudite routine, qu'on me permette en finissant de poser certains principes qui tourneront, je l'espère, à l'avantage de tous.

1° Les meilleures plantations pour la vigne, comme pour tous les arbres fruitiers, sont celles d'automne ou de février et mars ; planter tard, comme on le pratique dans nos contrées, c'est agir contre le vrai sens et en dépit de tout principe. Sitôt plantée on doit la tailler sur un œil ou deux au-dessus du sol.

2° Le meilleur moment pour tailler la vigne est celui qui suit la chute des feuilles ; alors il n'y a aucune déperdition de séve : tout est contenu dans les coursons au profit des bourgeons et du fruit.

3° Plus une vigne sera taillée tard, plus elle sera faible, improductive et en danger de périr par les gelées tardives.

4° Plus au contraire, elle sera taillée de bonne heure, plus elle sera vigoureuse, fertile et à l'abri des gelées.

5° Ne jamais tailler une vigne quand il gèle, surtout à une époque tardive, car on expose directement les vaisseaux séveux aux influences pernicieuses de la gelée.

Je ne dois pas omettre de dire que, ce qui m'a le plus frappé, dans ces expériences, c'est la quantité de raisins toujours plus abondants chaque année, grâce à la taille précoce.

Mes expériences seront continuées chaque année ; et si mes lecteurs, n'ayant même en vue que leur profit particulier, veulent bien faire l'essai de la taille précoce, je serai vraiment heureux d'avoir contribué, dans la mesure de mes forces, au progrès de la viticulture dans nos contrées.

VI

De quelques préjugés dont les jardiniers doivent se défaire.

—

LE CRAPAUD

A ce seul nom, bien des personnes éprouvent une violente répulsion et un dégoût marqué. Eh bien ! moi, je me fais aujourd'hui le défenseur de cet innocent amphibie, victime d'un pur préjugé. Les crapauds sont horribles, cela est bien vrai, mais en revanche, ils sont bien utiles et même nécessaires dans les jardins. Ces animaux, ne vivant que d'insectes, font à ces derniers une guerre à outrance, pendant la nuit surtout, et en délivrent ainsi nos semis.

Qui se récrie donc contre les crapauds ? Certains routiniers, qui ne sauraient s'expliquer leur croyance ; quelques yeux délicats qui ne voudraient jamais voir que des papillons et des fleurs.

L'expérience a prouvé et prouve chaque jour que cette horrible bête est loin d'être nuisible, qu'elle rend des services importants aux jardiniers; il faut donc la laisser vivre en paix dans nos potagers.

LA TAUPE

Pas plus agréable à voir que le précédent, elle a cependant son utilité, malgré sa mauvaise réputation. Je n'entends pas malgré cela vouloir introduire la taupe dans tous les jardins ; mais il en est certains où le ver blanc et la courtillère font de grands ravages ; il n'est pas possible de conserver, dans des carrés, quelques plantes telles qu'aubergines, tomates, etc ; l'introduction de la taupe dans ces jardins contribuerait beaucoup à la diminution du mal que je signale.

Il y a donc avantage, l'expérience l'a prouvé, d'introduire la taupe dans quelques jardins à certaines époques. Pour mon compte, je ne me suis jamais repenti d'en avoir conservé toute l'année. — Je sais que, dès le début, je n'aurai pas beaucoup d'imitateurs ; pourtant, quand la vérité est forte et frappante, elle perce le brouillard. Ce qui me fait espérer, c'est que j'ai avec moi au jardin, chaque année, six jeunes élèves qui, en quittant la Ferme-École, emporteront les principes que j'ai moi-même puisés à bonne source, et m'aideront à vaincre la routine.

LA LUNE

Au temps où nous vivons, en plein dix-neuvième siècle, siècle de lumières et de progrès, en agriculture comme dans toutes les branches de l'industrie, on croit encore à l'influence de cet astre sur les semis, la taille et tous les travaux. Être imbu de telles croyances, c'est vraiment malheureux.... Pour moi, j'espère et j'obtiens de bons résultats, quand le temps est favorable, bien que je ne tienne jamais compte des phases de la lune.

LES BROUILLARDS

Il est vraiment curieux d'entendre répéter à chaque instant dans nos contrées: voilà des brouillards!... Le brouillard est tombé sur telle ou telle plante!... Il est bien tombé aussi, ce brouillard, sur la tête du pauvre jardinier, et, sans blesser ni l'une ni l'autre, il a continué sa route, guidé toujours par le souverain Conducteur. A Bazin, mes plantes vivent heureuses, averties par moi que le brouillard a toujours été une vapeur inoffensive et ne ruinant jamais les cultures.

VII

Nous voyons avec chagrin le goût passionné de notre
jeunesse du Midi, pour la lecture de futiles romans ou
autres livres frivoles, dont la mission est de corrompre
le cœur et gâter l'esprit en faisant perdre le goût des
études sérieuses. Que nos jeunes jardiniers se tiennent
donc au courant du progrès horticole et laissent de côté
les pures bagatelles ; qu'ils lisent et relisent encore :

L'*Entretien familier sur l'horticulture et le Guide du
jardinier multiplicateur*, par M. CARRIÈRE ;

Les ouvrages du savant M. DU BREUIL sur l'arboriculture ;

Celui de Alexis LEPERE, et la *Taille du Pêcher*, par
LACHAUME ;

Le cours d'*Arboriculture pratique*, par VERRIER, le
savant professeur d'arboriculture de l'École Impériale de
la Saulsaie (Ain).

Le *Bon Jardinier* par Poiteau, Vilmorin, Bailly, Decaisne, Neumann, Pepin, etc., etc.

Le 5me volume de la *Maison rustique du* XIXᵉ *siècle*.

La *Bibliothèque du Jardinier*, publiée avec le concours du Ministre de l'Agriculture.

Flore élémentaire des jardins et des champs, 2 vol. et 910 pages par Le Maout.

Manuel général des plantes, arbres et arbustes, par Hérincq, Jacques et Duchartre, 4 vol. à 2 colonnes.

Botanique populaire, par Lecoq, un beau vol. de 408 pages et 215 gravures.

Cours élémentaire d'horticulture par Boncenne, 2 vol. formant 312 pages et 85 gravures.

Manuel pratique d'arboriculture, par l'abbé Raoul, 1 vol. de 264 pages et 10 gravures.

Cours pratique d'arboriculture, par Gaudry, un beau volume de 304 pages.

Enfin la *Revue Horticole* publiée depuis 37 ans, dirigée par E. A. Carrière, pépiniériste au Muséum d'Histoire Naturelle.

Ce Recueil qui paraît deux fois par mois tiendra les jardiniers au courant de tout ce qui se produit de nouveau dans le monde horticole.

FIN

TABLE ALPHABÉTIQUE

DES PLANTES

FIN DE LA TABLE DES PLANTES.

TABLE DES MATIÈRES

—

FIN DE LA TABLE DES MATIÈRES

Abbeville. — Imp P. Briez.

CATALOGUE

DE LA

LIBRAIRIE AGRICOLE

DE

LA MAISON RUSTIQUE

RUE JACOB, 26, A PARIS

PAR ORDRE DE MATIÈRES ET NOMS D'AUTEURS

AOUT 1867

DÉSIGNATION DU CATALOGUE

AVIS IMPORTANT

Toute commande de livres publiés à Paris, si elle est faite par un abonné du *Journal d'agriculture pratique*, de la *Revue horticole* ou de la *Gazette du Village*, et accompagnée du prix de ces livres en un mandat sur Paris, ou, ce qui est plus sûr, en un bon de poste dont on garde la souche, qui sert de quittance, est expédiée sur tous les points de la *France*, de l'*Algérie*, de l'*Italie*, de la *Belgique* et de la *Suisse*, *franco*, au prix marqué dans les catalogues, c'est-à-dire au même prix qu'à Paris.

Les commandes de plus de 50 francs, faites dans les mêmes conditions, sont expédiées *franco* et sous déduction d'une *remise de dix pour cent*.

Quel que soit le chiffre de la commande, la remise est toujours de *dix pour cent* pour les abonnés, lorsque, au lieu d'expédier par la poste les ouvrages demandés, la *Librairie agricole* les livre au comptant à Paris.

Le catalogue de la *Librairie agricole* est expédié *franco* à toute personne qui en fait la demande *franco*.

On ne reçoit que les lettres affranchies.

MAISON RUSTIQUE DU XIXe SIÈCLE

CINQ VOLUMES GRAND IN-8 A DEUX COLONNES

ÉQUIVALANT A 25 VOLUMES IN-8 ORDINAIRES, AVEC 2,500 GRAVURES

REPRÉSENTANT

LES INSTRUMENTS, MACHINES, ANIMAUX, ARBRES, PLANTES, SERRES
BATIMENTS RURAUX, ETC.

PUBLIÉS SOUS LA DIRECTION DE

MM. BAILLY, BIXIO ET MALPEYRE

TABLE DES PRINCIPAUX CHAPITRES DE L'OUVRAGE

TOME Ier. — AGRICULTURE PROPREMENT DITE

Climat.	Labours.	Conservation des ré-	Plantes-racines.
Sol et sous-sol.	Ensemencements.	coltes.	Plantes fourragères.
Amendements.	Arrosements.	Voies de communica-	Maladies des végé-
Engrais	Irrigations.	cation.	taux.
Défrichement.	Récoltes.	Céréales.	Animaux et insectes
Dessèchement.	Clôtures.	Légumineuses.	nuisibles.

TOME II. — CULTURES INDUSTRIELLES, ANIMAUX DOMESTIQUES

Plantes oléagineuses.	Houblon.	Pharmacie vétéri-	Cheval, âne, mulet.
Plantes textiles.	Mûrier.	naire.	Races bovines.
— économiques.	Arbres olivier.	Maladies des ani-	Races ovines.
— potagères.	— noyer.	maux.	Races porcines.
— médicinales.	— de bordures.	Anatomie.	Basse-cour.
— aromatiques.	— de vergers.	Physiologie.	Lapin, pigeon.
— tinctoriales.	Animaux domesti-	Elevage et engrais-	Chiens.
	ques.	sement.	

TOME III. — ARTS AGRICOLES

Lait, beurre, fro-	Laine.	Lin, chanvre.	Résines.
mage.	Vers à soie.	Fécule.	Meunerie.
Incubation artifi-	Abeilles.	Huiles.	Boulangerie.
cielle.	Vins, eaux-de-vie.	Charbon, tourbe.	Sels.
Conservation des	Cidres, vinaigres.	Potasse, soude.	Chaux, cendres.
viandes.	Sucre de betterave.		

TOME IV. — FORÊTS, ÉTANGS; ADMINISTRATION; CONSTRUCTION

Pépinières.	Empoissonnement.	Administration.	Constructions.
Arbres forestiers.	Législation rurale.	Choix d'un domaine.	Attelages.
Culture des forêts.	Droits de propriété.	Estimation.	Mobilier.
Exploitation.	Bail, cheptel.	Acquisition.	Bétail, engrais.
Abatage.	Biens communaux.	Location.	Systèmes de culture.
Estimation.	Police rurale.	Améliorations.	Ventes et achats.
	Aménagement.	Capital.	Comptabilité.
Pêche, Étangs.	Plantation.	Personnel.	

TOME V. — HORTICULTURE

Terrain, engrais.	Semis-greffes.	Jardin fruitier.	Plans de jardins.
Outils, paillassons.	Pépinières.	— fleuriste.	Calendrier du Jar-
Couches, bâches.	Taille.	— potager.	dinier.
Terres.	Arbres à fruits.	Culture forcée.	— du forestier.
Orangerie.	Légumes.	Fleurs.	— du magnanier.

Prix des 5 volumes (ouvrage complet) . . . . . **39 fr. 50**

Chaque volume pris séparément . . . . **9 fr. »**

Il n'y a pas d'agriculteur éclairé, pas de propriétaire qui ne consulte as-
sidûment la *Maison rustique du dix-neuvième siècle ;* ce livre, expression
la plus complète de la science agricole pour notre époque, peut former à
lui seul la bibliothèque du cultivateur. 2,500 gravures réparties dans le
texte parlent aux yeux et donnent aux descriptions une grande clarté.

AGRICULTURE — ÉCONOMIE RURALE

ALLIOT.

Maladies des végétaux (Origine des) et des animaux herbivores, moyens de les prévenir par le drainage, par Alliot, 92 p. in-8.   1 50

ALMANACH.

Almanach du Cultivateur, par les Rédacteurs de *la Maison rustique*. 192 pages in-18 et 85 gravures. . . . .   » 50
Une nouvelle édition de cet almanach est publiée chaque année.

ANNALES.

Annales de l'Institut agronomique de Versailles. 1 vol. in-4 de 418 pages avec 4 planches. 3 50

BARRAL et DE CÉRIS.

Bon Fermier (Le), par Barral, et pour les nouveautés, par de Céris. Aide-mémoire du Cultivateur; 1 volume in-12 de 1,495 pages et 100 gravures. . . . .   7 »
Ouvrage contenant : le calendrier détaillé — le tableau des foires de chaque département — des tables usuelles pour la détermination du poids du bétail et pour les principaux besoins de l'agriculture — les travaux agricoles de chaque mois pour toutes les parties de la France — les distilleries — féculeries — brasseries et autres industries annexées aux exploitations rurales — la mécanique agricole complète, avec description et gravure des meilleurs instruments aratoires, machines, etc.

Une nouvelle édition du *Bon Fermier* est publiée tous les ans, avec addition des nouveautés, par M. de Céris.

BERTIN.

Statistique des subsistances (De la), par A. Bertin. 1 vol. in-12 de 96 pages. . . . .   » 50

BODIN.

Agriculture (Éléments d'), par Bodin. 4e édition. 1 vol. in-18 de 360 pages. 1 75

BONNIER.

Statistique agricole et industrielle de l'arrondissement de Valenciennes, par Bonnier, juge de paix, président du Comice agricole de Condé. 1 vol. in-8 de 178 pages. 3 50
Cet ouvrage a été couronné par la Société impériale et centrale d'agriculture de France.

BORIE (Victor).

Agriculture au coin du feu, par Victor Borie. 1 vol in-12 de 290 pages.. . . . .   3 »

Agriculture et liberté, par V. Borie, membre de la Société impériale et centrale d'agriculture de France. 1 vol. in-8 de 189 pages. .   4 »

Animaux de la ferme, par V. Borie (voir p. 17). L'Espèce bovine forme 20 livraisons renfermant chacune 2 ou 3 aquarelles et 16 pages de texte. gr. in-4°, édition de luxe. Prix des 20 livraisons. .   80   »
Le même ouvrage cartonné.   85   »
Le même ouvrage richement relié. 100   »

Calendrier agricole (LES DOUZE MOIS), par V. Borie. 1 vol. in-8 à 2 colonnes de 380 pages et 95 gravures. 5 50

Gazette du village, fondée par V. Borie, voir page 30.

Jeudis de M. Dulaurier (Les), cours élémentaire d'agriculture, par V. Borie. 2 vol. in-18 de chacun 144 pages et 62 gravures. . .   1 50
Le même ouvrage cartonné.   2   »

Travaux des champs, par V. Borie (Bibl. du Cultiv.), 188 pages et 121 grav. 1 25

BORTIER.

Desséchement des Moëres, par Cobergher, en 1622. Notice par Bortier. 8 p. in-8. portrait de Cobergher et carte des Moëres.   1   »

BOST.

Table décennale du Correspondant des justices de paix et des tribunaux de simple police, par Bost. 1 vol. in-8 de 184 pages.   4   »

BRETON.

Crédit agricole en France, par Breton. 100 pages in-8. . .   1   »

Défrichement (Manuel théorique et pratique du), par Breton. 1 vol. in-8 de 400 pages.   4   »

Grains (Moyens infaillibles de prévenir la pénurie des) et leur cherté excessive en France, par Breton. In-8 de 32 pages.   » 50

Assistance publique (L') et la bienfaisance au dix-neuvième siècle, par F. Breton. 1 vol. in-8 de 160 pages. 2 50

BUJAULT (Jacques).

OEuvres de Jacques Bujault. 3e édition. 1 vol. in-8 de 540 pages et 33 gravures.   6   »

CANCALON.

Histoire de l'agriculture. par Cancalon. 1 volume in-8 de 474 pages.   6   »

CARPENTIER.

Enseignement agricole (Entretien sur l') en France, par Carpentier. 1 brochure. . . . .   » 40

CRISES, etc.

Crises agricoles (Les) dans l'abondance et la pénurie des grains; moyens infaillibles de les prévenir, par l'ancien rapporteur de la Commission du Crédit agricole au Congrès central d'agriculture dans la session de 1847 ; 1 brochure in-18 de 40 p. 3e édit. . . . .   » 50

DEZEIMERIS.

Conseils aux agriculteurs sur l'art d'exploiter le sol avec profit, par Dezeimeris, ancien député. 3e édit. 1 vol. in-12 de 654 pag.   3 50

DOMBASLE (DE).

Agriculture (Traité d'), par Mathieu de Dombasle. 5 vol..   30 »

Annales de Roville, par Mathieu de Dombasle. 9 vol. in-8.   61 50

Calendrier du Bon Cultivateur, par Mathieu de Dombasle. 10e édition 1 vol. in-12 de 872 pages et 5 planches......   4 75

Écoles d'arts et métiers, par Mathieu de Dombasle. 1 brochure in-18 de 106 pages...............   1 »

Économie politique et agricole, par Math. de Dombasle. 1 vol. in-18 de 194 pages...............   1 50

DOYÈRE.

Alucite des céréales, ses ravages et moyens de les faire cesser, par Doyère. 110 pages in-4, gravures et 3 planches.......   3 50

Ensillage, par Doyère, professeur d'histoire naturelle à l'École centrale des arts et manufactures. In-8 de 48 pages...........   » 75

DRALET.

Taupier (Art du), par Dralet. 16e édition. In-12 de 66 pag.   1 »

DREUILLE (DE).

Métayage (Du) et des moyens de le remplacer, par le vicomte de Dreuille. 1 vol. in-18 de 104 pages..............,   1 »

DUGUÉ.

Comptabilité agricole (Notions pratiques de), par Dugué. 1 brochure in-8 de 32 pages..............   1 25

DURAND-LAINÉ (A).

Grammaire agricole, Cours d'agriculture professé à l'école de Voreppe (Isère), par A. Durand-Lainé. 1 vol. in-18 de 432 pages..   2 50

DURRIEUX.

Monographie du paysan du département du Gers, par Alcée Durrieux. 1 vol. in-18 de 260 pages..............   3 50

ENQUÊTE.

Agriculture française (Enquête sur l'), par une réunion de députés. 1 vol. in-8 de 244 pages..............   2 50

ERATH.

Houblon, par Erath, traduit par Nicklès. (Bibl. du Cultiv.), 136 pages et 22 gravures...............   1 25

ESTANCELIN.

Enquête (L') et la Crise agricole, lettre à M. le Ministre de l'agriculture ; par Estancelin. 1 brochure in-8 de 32 pages.....   1 »

Falloux (Comte de).

Dix ans d'agriculture. Br. in-8, 47 pages. . . . .   1 »

Flaxland.

Enquête agricole (Quelques considérations relatives à l'), dans les départements frontières du Nord-Est, par Flaxland. . . .   1 »

Frilet.

Igname de la Chine (Notice sur la pomme de terre et l'), par Frilet. In-8 de 24 pages. . . . .   » 50

Gasparin (De).

Agriculture (Cours d'), par de Gasparin, membre de l'Académie des sciences, ancien ministre de l'agriculture. 6 vol. in-8 et 233 gr. .   39 50

Fermage (estimation, plan d'amélioration, baux), par de Gasparin, membre de l'Institut, ancien ministre de l'agriculture (Bibl. du Cultiv.). 3e édit. 216 pages.   1 25

Métayage (contrat, effets, améliorations), par de Gasparin (Bibl. du Cult.). 2e édit. 166 pages. 1 25

Safran (Culture du), par de Gasparin. . . . .   » 75

Gaucheron.

Économie agricole (Cours d') et de culture usuelle, par Gaucheron. 2 vol. in-18. . . . .   2 50

Girardin (J.).

Agriculture (Mélanges d'), par Girardin. 2 vol. in-12. . . .   10 »

Gourcy (De).

Voyage agricole en France, Allemagne, Hongrie, Bohême et Belgique, par le comte de Gourcy. 1 vol. in-12 de 432 pages. . . .   3 50

Goux (J.-B.).

Le sorcier, légende du chantier rural. In-18, 70 pages. . . .   1 »

Grousseau (De).

Comices (Manuel des), par de Grousseau, 1 brochure in-32 de 50 pages. . . . .   » 15

Guillon.

Agriculture provençale (Essai d'un traité d'), par Guillon 2 vol. in-18, ensemble de 300 pages. . . . .   5 »

Agriculture provençale (Vade mecum de l'), par Guillon. 1 vol in-18, de 136 pages. . . . .   2 »

Catéchisme de l'agriculteur provençal, par Guillon. 1 vol. in-18 de 52 pages. . . . .   1 »

Gustave D.

Hanneton. Ses ravages, moyen de le détruire; par Gustave D. 1 brochure in-8 de 16 pages. . . . .   » 75

Heuzé.

Assolements et systèmes de culture; par Heuzé. 1 vol. in-8 de 536 pages avec nombreuses gravures sur bois. . . . . 9 »

Pavot (Culture du); par Heuzé 1 vol. in-18 de 44 pages. . » 75

Plantes fourragères: par Heuzé, 3e édition. 1 vol. in-8 de 582 p. avec 42 vignettes sur bois et 20 gravures coloriées. . . . . . 10 »

Plantes industrielles ; par Heuzé. 2 vol. in-8 de 896 pages, avec des vignettes sur bois et 20 gravures coloriées. . . . . . . 18 »

Jamet.

Agriculture (Cours d') et chaulages de la Mayenne. 2e édition, par Jamet, président du comice de Craon, ancien représentant. 400 pages in-12 . . . . 3 50

Joigneaux.

Causeries sur l'agriculture et l'horticulture; par P. Joigneaux. 1 vol. in-18 de 403 pages. 3 50

Champs et Prés (Les), par Joigneaux (Bibl. du Cultiv.). 140 pages. 1 25

Choux. Culture et emploi, par Joigneaux (Bibl. du Cultiv.). 1 vol. in-18 de 180 pages et 14 gravures. 1 25

Joubert.

Comptabilité agricole (Agenda de); par Joubert In-4. 5 »

Sologne (Agriculture de la); par Ch. Joubert et Isaac Chevalier, cultivateurs. 1 vol. in-8 de 300 pages. . . . . 4 »

Kaindler.

Coton en Algérie (Culture du); par Adolphe Kaindler. Une brochure in-18. . . . . 1 »

Lartet.

Colline de Sansan. Récapitulation des espèces d'animaux vertébrés fossiles trouvés à Sansan; par Lartet. 48 p. in-8 et 1 planche. 1 25

Laterrade.

Grêle (Moyens d'en combattre les effets); par Laterrade. 1 brochure in-8 de 64 pages. 1 25

Laurençon.

Traité d'agriculture élémentaire et pratique à l'usage des écoles primaires, par C. Laurençon. 2 vol. in-18 avec nombreuses gravures. 1 50

Chaque volume séparé. 75

Laveleye.

Économie rurale (Essai sur l') de la Belgique; par Émile de Laveleye. 1 vol. in-18 de 304 pages. 3 50

Lavergne.

Agriculture des terrains pauvres; par Lavergne, ancien représentant du peuple. 1 vol in-18 de 200 pages.   3   »

Lavergne (De).

Agriculture (L') et l'Enquête; par M. L. de Lavergne, brochure
de 48 pages.   1   »

Agriculture et Population; par L. de Lavergne, membre de l'Institut. 1 vol. in-8 de 412 pages. 3 50

Économie rurale de la France depuis 1789; par L. de Lavergne, membre de l'Institut. 1 vol. in-12 de 490 pages. . . .   3 50

Économie rurale (Essai sur l') de l'Angleterre, de l'Écosse et de
l'Irlande; par L. de Lavergne. 3e édit. 1 vol. in-12 . . . . .   3 50

Lecoq.

Plantes fourragères (Traité des); par Henri Lecoq. 2e édition.
1 vol. in-8 de 518 pages et 40 gravures. 7 50

Lecouteux (E.).

Agriculture (L') et les élections de 1863. 64 p. in-8.   2   »

Blé (La Question du'; par Ed. Lecouteux. Br. de 32 pages.   1   »

Culture améliorante (Principes de la); par E. Lecouteux,
ancien directeur des cultures à l'Institut agronomique de Versailles.
3e édition. 1 vol. in-12 de 400 pages. 3 50

Culture (Traité des entreprises de grande), ou principes
d'économie rurale; par E. Lecouteux. 2 vol. in-8, formant ensemble
1,436 pages. 15   »

Lefour.

Comptabilité et géométrie agricoles, par Lefour (Bibl. du
Cultiv.). 214 p. et 104 grav. 1 25

Culture générale et instruments aratoires, par Lefour (Bibl.
du Cultiv.) 1 vol. in-18 de 160 pages et 132 gravures. 1 25

Problèmes agricoles (300); par Lefour. 1 brochure in-18 de
36 pages. . . . .   » 50

Léouzon.

Enseignement agricole (Réforme de l'); par Louis Léouzon,
1 brochure in-8 de 28 pages.   1   »

Leplay.

Sorgho sucré (Culture du) comme plante industrielle et comme
plante fourragère; par H. Leplay. 36 pages in-8.   1   »

Liebig (De).

Lettres sur l'agriculture moderne, par le baron Justus de Liebig, traduites par le docteur Théodore Swarts. 1 volume in-18 de 244
pages.   3 50

Louvel.

Grains (Conservation des) au moyen du vide, par le docteur
Louvel. . . . . » 75

Lullin de Chateauvieux.

Voyages agronomiques en France; par Lullin de Chateauvieux.
2 vol. in-8, formant ensemble 1031 pages. . . . . 10 »

Lurieu (De).

Colonies agricoles (Études sur les) de mendiants, jeunes déte-
nus, orphelins et enfants trouvés de Hollande, Suisse, Belgique, France;
par de Lurieu et Romand, inspecteurs généraux des établissements de
bienfaisance. 1 vol. in-8 de 462 pages. 7 50

Machard.

Prairies artificielles (Essai sur les): Luzerne, Trèfle ordinaire,
Trèfle printanier, et Sainfoin ou Esparcette; par Machard. In-18. 1 »

Magnier.

Avenir de l'agriculture par l'enseignement agricole: par
Magnier. 1 brochure. . . . . » 40

Martinelli.

Comices (Appel aux); par J. Martinelli. 32 pages in-8. . . » 50

Martres.

Agriculture (L') du département des Landes devant l'enquête, et son amélioration par la culture de la vigne et du pin; par
Léon Martres. In-12 de 100 pages et table. . . . . » 75

Masure.

Leçons élémentaires d'agriculture à l'usage des agriculteurs
praticiens et destinées à l'enseignement agricole dans les écoles spécia-
les d'agriculture, dans les écoles normales primaires et dans les écoles
communales.

Première partie: Les plantes de grande culture, leur organisation et leur
alimentation. 1 vol. in-18 de 330 p. et 32 grav. 3 50

Deuxième partie (sous presse). 3 50

Méheust (P.).

Économie rurale de la Bretagne; par P. Méheust. 1 vol. in-18
de 220 pages. 2 50

Économie rurale (Leçons publiques d'); par Méheust. 1 vol.
in-18 de 68 pages. . . . . 1 »

Mesnil-Marigny (Du).

Céréales et la douane (Les): par du Mesnil-Marigny, 1 vol. in-18
de 260 pages. . . . . 3 »

Moll.

Inondations (Moyens de réparer les ravages des); par
Moll, professeur d'agriculture au Conservatoire. 10 pages in-4. » 50

Papier.

Tabacs en Algérie (Question des); par Papier. In-8 de 88 pages. . . . . 2 »

Paté (J.-B.).

Mes revers et mes succès en agriculture. 1 volume in-8 de 126 pages. . . . . 2 »

Petit-Laffitte.

Tabac (Culture du); par Petit-Laffitte. 104 pages in-12. . . 2 »

Rancy (Edmond de Granges de).

Comptabilité agricole (Traité de); par Ed. de Rancy, 2ᵉ édition. 1 vol. in-8 de 296 pages. . . . . 5 »

Registres.

Registres de comptabilité.
    La main de 24 feuilles in-folio avec couverture. . . . . . . 2 »
    —   in-quarto   —   1 25

Réunions, etc.

Réunions territoriales, création de chemins d'exploitation. Étude sur le morcellement en Lorraine; par F. P. 48 pages in-8. . » 75

Rigaut.

Statistique agricole du Canton de Wissembourg; par Rigaut, juge au tribunal de Wissembourg. 392 pages gr. in-4. . 15 »
    Cet ouvrage a été couronné par la Société impériale et centrale d'agriculture et par l'Académie nationale agricole de Paris.

Rochussen.

Culture et fécondation artificielles des céréales, système Hooïbrenk; par Rochussen. 1 vol. in-8 de 54 pages, avec 3 planches. 1 50

Rondeau.

Crédit agricole (Projet de); par Rondeau, ancien représentant du peuple. 1 vol. in-18 de 236 pages . . . . 2 »

Royer.

Allemande (L'Agriculture), ses écoles, son organisation, ses mœurs et ses pratiques; par Royer, inspecteur général de l'agriculture. 1 vol. grand in-8 de 542 pages. 7 50

Statistique agricole de la France en 1843; par Royer. 1 vol. in-8 de 504 pages. 5 »

Saint-Aignan.

Crise agricole (La), prise de loin et vue de haut; par le comte de Saint-Aignan, membre de la Société impériale d'acclimatation. . . . . 1 »

Saintoin-Leroy.

Comptabilité agricole (Cours complet); par Saintoin-Leroy.

1° *Manuel de comptabilité agricole pratique*, en partie simple et en partie double, seconde édition, avec modèle des écritures d'une exploitation rurale pour une année entière. 1 vol. gr. in-8 et tableaux, de 176 p. . . . . 5 »

2° *Comptabilité-matières de l'agriculteur*, Complément du *Manuel de comptabilité agricole pratiq e*, suivie du *Livre du travail*, et d'une *Méthode abrégée de tenue des livres agricoles en partie simple*. 1 vol. gr. in-8 de 144 pages, avec nombreux tableaux. . . . . 4 »

3° *Comptabilité simplifiée, agricole et commerciale*, mise à la portée de la moyenne et de la petite culture, suivie de la *Comptabilité spéciale des marchands et des artisans*, à l'usage des écoles primaires de garçons et de filles. 1 vol. gr. in-8 et tableaux, de 96 pages. . . . . 2 »

Registres pour la grande et la moyenne culture.

Registre-Mémorial de l'Agriculteur (comptabilité-matières), réunion de tous les tableaux nécessaires à la constatation de tous les faits d'une exploitation rurale. 1 vol. gr. in-4 oblong. . . . . 5 »

Livre de caisse (comptabilité-espèces), registre en tableaux. 1 vol. grand in-4° oblong. 3 50

Journal, registre en blanc réglé et folioté. 1 vol. gr. in-4 oblong. 2 50

Grand Livre, registre en blanc réglé et folioté. 1 vol. gr. in-4 oblong. . . 3 »

On peut joindre à ces registres des cahiers quadrillés pour la constatation journalière des travaux de main-d'œuvre, des attelages et de la nourriture du personnel.

1° Cahier quadrillé avec instruction et modèles de tableaux. 1 vol. petit in-4 oblong. . . . . 2 »

2° Cahier simplement quadrillé. 1 vol. petit in-4 oblong. 1 25

Agenda de poche du Cultivateur, petit cahier à joindre à tous les Agendas usuels, de 36 pages, format in-18; prix des dix exemplaires. 1 50

Registres pour la comptabilité simplifiée.

Registre unique du Cultivateur pour l'application de la Comptabilité simplifiée. 1 vol. petit in-4 oblong, de 100 pages. . . . . 2 »

Le même, moins fort, pour les écoles. . . . . » 60

Livre de caisse des Marchands. 1 vol. petit in-4 oblong. . . . . 2 »

Livre de caisse des Artisans. 1 vol. petit in-4 oblong. . . . . 2 »

Chaque volume ou registre se vend séparément.

Schwerz.

Agriculteur commençant (Manuel de l'), par Schwerz, traduit

par Villeroy (Bibl. du Cultiv. 5° édit. 352 pages. 1 25

Sers (Louis).

Enquête agricole (L') dans le département des Basses-Pyrénées, en

1866, par Louis Sers. 1 vol. in-8 de 95 pages. 2 50

Stockhardt.

Ferme (La), Guide du jeune Fermier; par Stockhardt. 2 vol. in-18

formant ensemble 616 pages. . . . . 7 »

Thomas (Ernest).

Halles et Marchés en gros (Manuel des), guide de l'appro-

visionneur de l'acheteur et des employés aux divers services de l'alimentation de Paris. 1 vol. in-18 de 316 pages. . . . . 5 »

Vigneral (De).

Agriculture (Manuel populaire d') à l'usage des cultivateurs d'Argentan ; par de Vigneral. 92 pages in-8. . . . . 1 25

Vilmorin.

Sorgho sucré et Igname de Chine : par Vilmorin. 8 p.   » 25

Young (Arthur).

Voyages en France pendant les années 1787, 1788, 1789 ; par Arthur Young, traduit par Lesage. 2 vol. in-18 . . 7 »

AMENDEMENTS — ENGRAIS — CHIMIE — PHYSIQUE

Bobierre.

Atmosphère (L'), le sol, les engrais, par Bobierre. 1 vol. in-12 de 632 pages. . . . . 5 »

Noir animal (Le). Analyse, emploi, vente ; par Bobierre (Bibl. du Cultiv.), 156 p. et 7 grav. 1 25

Bortier.

Coquilles animalisées, leur emploi en agriculture, par Bortier. . . . . 1 »

Cartier (J.).

Sels alcalins (De l'emploi des) en agriculture, par J. Cartier, ingénieur civil. 1 vol. in-8 de 133 pages. . . . . 2 »

Composts, etc.

Composts, fumiers, plâtre (Notice sur les), employés comme engrais. » 50

Fouquet.

Fumiers de ferme et composts ; par Fouquet (Bibl. du Cult.). 2e édit., 176 p. et 19 grav. 1 25

Jauffret.

Nouvelle Méthode pour la fabrication économique des engrais ; par Pierre J. Jauffret. 1 br. in-8 de 56 p. et 1 p. . 3 »

Heuzé.

Fumures (Formules des) ; par G. Heuzé. 1 brochure in-8 de 12 pages. 1 »

Matières fertilisantes ; par Heuzé. 4e édition. 1 vol. in-8 de 708 pages. . . . . 9 »

Lefour.

Sol et engrais, par Lefour (Bibl. du Cultiv.). 180 p. et 50 gr.   1 25

Masure.

Marne et chaux employées en agriculture (Mémoire sur les avantages comparés), par Masure. 1 brochure in-8 de 108 pages. 1 50

Okorski.

Désinfection des villes. Engrais complet dit engrais atmosphérique ; par Okorski. 1 brochure in-8, de 24 pages et 3 tableaux.. . . . 4 »

Petit-Laffitte.

Études de terres arables ; par Petit-Laffitte. 1 vol. in-18 de 160 pages.. . . . . 1 50

Piérard.

Chaux (La), son emploi en agriculture ; par Piérard, ingénieur en chef des mines. 36 pages in-12. . . . . » 75

Pierre.

Chimie agricole, par Isidore Pierre, professeur de chimie à la Faculté de Caen. 4e édition. 1 vol. in-12 de 560 pages et 23 grav. 4 »

Puvis.

Amendements (Traité des), par Puvis. 1 volume in-18 de 440 pages.. . . . . 3 50

Ronna (A.).

Phosphates de chaux (Fabrication et emploi des) en Angleterre, par A. Ronna, ingénieur. 1 vol. in-18 de 162 pages.. . . . . 1 »

Utilisation des eaux d'égout en Angleterre, Londres et Paris, par A. Ronna, ingénieur. 1 vol. in-8 de 132 pages et 5 grandes planches. . . . . 6 »

Sacc.

Chimie agricole (Précis élémentaire de), par le docteur Sacc. 2e édition. 1 vol. in-12 de 454 pages et 3 gravures. 3 50

Stockhardt.

Chimie usuelle appliquée à l'agriculture et à l'industrie, par Stockhardt, traduite par Brustlein. 1 volume in-18 de 524 pages et 225 gravures. 4 50

DRAINAGE — IRRIGATION — ÉTANGS — PISCICULTURE

Barral.

Drainage des terres arables, par Barral. 2e édition. 2 vol in-12 formant ensemble 960 pages et contenant 443 grav. et 9 pl. . . . 7 »

Irrigations, engrais liquides et améliorations foncières permanentes, par Barral. 1 v. in-12 de 790 p. et 120 grav. . . 7 50

Législation du drainage, des irrigations et autres améliorations foncières permanentes, par Barral. 1 vol. in-12 de 664 pages.. 7 50

Benoit.

Drainage (Système de), par Benoît. In-8, 24 pages et 1 pl. 1 »

Delacroix.

Drainage (Faits de), débit des terres drainées, position des plans d'eau souterrains, par Delacroix. 84 pages in-18 et 4 gravures. 1 25

DALLOZ.

Irrigations (Code des), suivi des rapports de MM. Dalloz et Passy, et de la législation étrangère, par Bertin, avocat, rédacteur en chef du journal *le Droit*. 1 vol. in-8 de 182 pages   3   »

DANILEWSKI.

Coup d'œil sur les pêcheries en Russie, par C. Danilewski. Grand in-8 de 75 pages 4 50

JEANDEL.

Inondations (Études expérimentales sur les), par Jeandel, ancien élève de l'École forestière. 1 vol. in-8 de 146 pages . . .   2 50

JOIGNEAUX.

Pisciculture et Culture des eaux, par Joigneaux. 1 vol. in-18 de 360 pages et 61 gravures. Prix 3 50

LAMBOT-MIRAVAL.

Montagnes (Moyens de les reverdir par l'irrigation et de prévenir les inondations), par Lambot-Miraval. 66 pag.   2   »

LECLERC.

Drainage (Traité pratique de), par Leclerc, ingénieur, chef du service du drainage en Belgique. 1 vol. in-12 de 424 p. 130 gr.   3 50

MARTRES

Drainage appliqué à l'agriculture des landes, par Martres, 70 p.   1   »

MIDY.

Drainage (Le) et l'Irrigation, par Midy. 27 pages in-8 . . .   » 50

MONNY DE MORNAY.

Irrigations en Italie et en Allemagne (Législation des), par Monny de Mornay, chef de la division de l'agriculture au ministère de l'agriculture. 1 vol. in-8 de 166 pages 3 50

MOULS.

Huîtres (Les), par l'abbé L. Mouls, curé d'Arcachon. 1 v. in-18.   1 25

MULLER (A.) ET VILLEROY (F.)

Manuel des irrigations. 2e édition revue et corrigée par les auteurs (*sous presse.*) 3 50

NIVIÈRE.

Drainage (Moyen d'obtenir du) tout son effet utile, par Nivière, ancien directeur de l'école de la Saulsaie. In-12 de 36 pages . . .   » 75

PELLAULT.

Irrigations. Commentaire de la loi du 29 avril 1845, par Henri Pellault, docteur en droit. In-12 de 374 pages 3 50

SERS.

Irrigation dans les contrées montagneuses, par Sers. Une brochure in-8 de 24 pages . . . .   » 75

THACKERAY.

Drainage (Philosophie et Art du), par Thackeray. 96 p.   2 50

Vignotti.

Irrigations du Piémont et de la Lombardie, par Vignotti.
1 vol. in-18 de 94 pages . . . . » 75

Villeroy (F.)

Voir Muller (A.) et Villeroy (F.)

Virebent.

Drainage rendu facile, par Virebent. 40 p. in-8 et 5 pl. . 1 25

CONSTRUCTIONS, INSTRUMENTS, ARTS AGRICOLES

Bona.

Constructions rurales (Manuel des), par Bona. 3e édition. 1 vol.
in-18 de 296 pages 3 50

Casanova.

Charrue (Manuel de la), par Casanova. 1 vol. in-18 de 176 pages
et 83 gravures 1 75

Damey.

Machines à battre (Le conducteur de), par Damey. 1 vol. in-
18 de 108 pages 1 50

Kergorlay (De).

Ferme de Canisy, par de Kergorlay. 24 p. in-4 et 52 grav. 1 »

Lefour.

Constructions et mécaniques agricoles, par Lefour (Bibl.
du Cultiv.). 216 p. et 151 gr. 1 25

Machines, etc.

Machines à moissonner. Rapport du jury sur le concours de 1859
64 pages grand in-8, 34 gravures . . . . 1 »

Pepin.

Labourage à vapeur, par Pepin-Leballeur . . . . » 50

Piot.

Meulerie et meunerie, par Piot. 1 vol. in-8 de 370 pages et 12
gravures . . . . 12 »

Planet.

Machines à battre (La vérité sur les), par de Planet. 1 vol.
in-18 de 256 pages . . . . 2 »

Saint-Martin.

Chemins ruraux (Des), par Saint-Martin. 1 brochure in-8 de 60
pages . . . . 2 »

Touaillon.

Meunerie (La), la boulangerie, la biscuiterie, la vermicellerie, l'ami-
donnerie, la féculerie et la décortication des légumineuses, par Charles
Touaillon fils, ingénieur, constructeur spécial de moulins, meules, etc.
1 vol. in-18 de 452 pages . . . . 5 »

ANIMAUX DOMESTIQUES — MÉDECINE VÉTÉRINAIRE

BENION.

Chiens (Les). *Actuellement sous presse*

BORIE (Victor).

Animaux de la Ferme, par Victor Borie. — ESPÈCE BOVINE.

Cet ouvrage, qui est terminé, contient 46 aquarelles dessinées d'après nature, 65 gravures noires intercalées dans le texte et 332 pages de texte grand
in-4 imprimées avec luxe.

Prix des 20 livraisons. . . . . 80 »
Le même ouvrage cartonné. . . . . 85 »
— richement relié. . . . . 100 »

DAIGNAUD.

Race bovine du Limousin (Amélioration de la). par Daignaud. 1 vol. in-18 de 106 pages. 1 50

DAMPIERRE (DE).

Races bovines, par de Dampierre (Bibl. du Cult.). 2ᵉ édit. 196 pages
et 28 gravures. 1 25

DELAFOND.

Typhus de l'espèce bovine, par Delafond, professeur à l'École
vétérinaire d'Alfort. 20 pages in-8 et 5 gravures. . . . . . . » 75

FLAXLAND (J.-F.).

**Études sur l'élevage, l'entretien et l'amélioration de la
race bovine en Alsace.** 124 p. in-8. . . . . 2 »

GAYOT.

**Bétail gras (Le) et les Concours d'animaux de bouche-
rie,** par Eugène Gayot. 1 vol. in-8 de 204 pages. 3 50

Cheval (Achat du). par Gayot (Bibl. du Cultiv.) 1 vol. de 216 pages
et 25 grav. 1 25

Chevaline (La France), par Eug. Gayot, ancien directeur des haras.

1ʳᵉ partie : *Institutions hippiques,* contenant l'histoire de l'administration des haras, étalons approuvés et autorisés, étalons départementaux,
primes à la production et à l'élève ; courses au trot, au galop ; steeple-
chases. 4 vol. in-8. . . . . 26 »

2ᵉ partie : *Études hippologiques* traitant de toutes les questions de science
qui aboutissent à la production et à l'élève des chevaux. Étude physiologique de toutes les races du pays et de leurs transformations. 4 v. 26 »

Lièvres, Lapins et Léporides, par Eug. Gayot (Bibl. du Cultiv.),
216 p. et 16 grav. 1 25

Mouches et Vers. *Sous presse.*

Poules et Œufs, par E. Gayot (Bibl. du Cultiv.). 1 v. de 216 pag. 1 25

Sportsman (Guide du), ou traité de l'entraînement. 1 vol. in-18 de
376 pages avec 12 gravures, par E. Gayot. 4ᵉ édition. 3 50

GEOFFROY SAINT-HILAIRE.

Animaux utiles (Acclimatation et Domestication des),
par I. Geoffroy Saint-Hilaire. Président de la Société d'acclimatation.
4ᵉ édition. 1 beau vol. in-8 de 534 pages et 47 gravures. . . . 9 »

Goux.

Race bovine garonnaise, par Goux. 1 vol. in-8 de 80 pages.   1 50

Hays (Du).

Cheval percheron, par du Hays (Bibl. du Cultiv.). 1 vol. de 176 pages. 1 25

Merlerault (Le), ses herbages, ses éleveurs, ses chevaux, par Charles du Hays. 1 vol. in-18 de 182 pages. . . . . 3 »

Heuzé (G.).

Porc (Le), par Gustave Heuzé, membre de la Société impériale et centrale d'agriculture de France. 1 volume in-12 de 334 pages avec 56 gravures. 3 50

Jacque (Ch.).

Poulailler (Le), par Ch. Jacque. 2ᵉ édit. 1 vol. in-12 et 120 g.   3 50

Juillet.

Chevaline (Émancipation de l'industrie), par Juillet. 1 brochure in-8 de 48 pages. 1 50

Lamoricière (Général de).

Chevaline (De l'espèce) en France, par le général de Lamoricière. 1 vol. in-4 de 312 pages et 3 cartes coloriées. 3 50

Lefour.

Animaux domestiques, par Lefour (Bibl. du Cultiv.). 1 vol. in-18 de 162 pages et 57 grav.. . . . . 1 25

Cheval, Ane et Mulet, par Lefour (Bibl. du Cult.). 1 vol. de 182 p. et 300 gravures. 1 25

Mouton (Le), par Lefour, ancien inspecteur général de l'agriculture. 1 vol. in-18 de 390 p. et 76 grav.. . . . . 3 50

Race flamande, par Lefour. 1 volume in-4 de 216 pages, avec 114 gravures noires et 4 planches coloriées. (Édition de l'Imprimerie impériale). . . . . 20 »

Magne.

Vaches laitières (Choix des), par Magne (Bibl. du Cultiv.). 144 pages et 39 gravures.. . . . . 1 25

Millet-Robinet (Mᵐᵉ).

Basse-cour, pigeons et lapins, par Mᵐᵉ Millet (Bibl. du Cultiv.). 4ᵉ édit. 180 pages et 31 gravures. 1 25

Peillard.

Fer élastique (Le). Ferrure physiologique, par C. Peillard. 1 vol. in-12 de 130 p. et 30 grav.. . . . . 2 »

Rauch.

Vétérinaires (Nécessité d'encourager l'établissement des) dans les campagnes. 36 p. in-18, par Rauch. . . . . . . » 50

Saive (De).

Inoculation du bétail pour prévenir la péripneumonie, par le docteur de Saive. 100 pages in-8. . . . . 2 50

Salle.

Méthode pratique pour aider à la connaissance rapide de l'âge du cheval, par Salle, vétérinaire militaire. Tableau circulaire mobile, cartonné. . . . . 5 »

Sanson.

Bétail (Économie du), par Sanson. 4 vol. in-18 et plus de 150 grav. Prix de chaque volume. 3 50

1er Vol. — Organisation et fonctions physiologiques, hygiène.	3e Vol. — Applications : cheval, âne, mulet.
2e Vol. — Principes généraux de la zootechnie.	4e Vol. — Applications : bœuf, mouton, chèvre, porc.

Chaque volume se vend séparément.

Médecine vétérinaire (Notions usuelles de), par Sanson (Bibl. du Cultiv.). 1 vol. de 180 pages. 1 25

Segouin.

Lapins (Nouveau traité pratique de l'éducation des diverses espèces de), par Segouin. 58 pages in-12. . . . . . . » 50

Tisserand.

Vaches laitières (Guide des propriétaires dans le choix des), par Eug. Tisserand. Deuxième édition. 1 vol. in-18 de 396 pages et 19 gravures. . . . . 4 »

Verheyen.

Médecine vétérinaire (Manuel de), par Verheyen. 2 volumes de 392 pages. 2 50

Vial.

Engraissement du bœuf, par Vial (Bibl. du Cultiv.). 1 vol. in-18 de 180 pages et 12 gravures. 1 25

Vial (A.).

Traité d'hippologie. Connaissance pratique du cheval, par A. Vial. 1 vol. in-8 de 319 pages et 73 gravures. 7 50

Villeroy.

Bêtes à cornes (Manuel de l'Éleveur de), par Villeroy (Bibl. du Cultiv.). 300 pages et 60 gravures. 1 25

Bêtes à laines (Manuel de l'Éleveur de), par F. Villeroy, cultivateur au Rittershof (Bavière rhénane). 1 v. de 535 p. et 54 gr. 3 50

Chevaux (Manuel de l'éleveur de), par Félix Villeroy. 2 vol. in-8 avec 121 gravures. (Types des principales races.) . . . . 12 »

ARBORICULTURE — HORTICULTURE — BOTANIQUE

Almanach du Jardinier, par les rédacteurs de *la Maison rustique*. 192 pages et 70 gravures. . . . . » 50
Une nouvelle édition de cet Almanach est publiée chaque année.

ANDRÉ.

Plantes de terre de bruyère. Rhododendrons, Azalées, Camellias, Bruyères, Ipacris, etc.; par Ed. André. 1 vol. in-18 de 388 pages avec 50 gravures. 3 50

BARON.

Arbres fruitiers (Nouveaux principes de la taille des), par Baron. 1 vol. in-8 de 142 pages et 25 gravures. 3 50

BENGY-PUYVALLÉE (DE).

Pêcher (Culture du), par Bengy-Puyvallée. 2ᵉ édition. 1 volume in-18. . . . . 3 50

BERLÈSE.

Camellia, par l'abbé Berlèse. 5ᵉ édition. Culture et description de 180 variétés nouvelles. 1 vol. in-8 de 540 pages. . . . . 5 »

BONCENNE.

Jardinage pour tous (Traité de), par Boncenne. 2ᵉ édition. 1 v. in-12 de 440 pages. 2 50

Horticulture (Cours élémentaire d'), par Boncenne. 2 vol. in-18, formant ensemble 312 pages avec 85 gravures (Bibl. des Ecoles rurales). 1 50

BON JARDINIER (LE).

Bon Jardinier (Le), par POITEAU, VILMORIN, BAILLY, DECAISNE, NEUMANN, PÉPIN. 1,650 pages in-12. . . . . 7 »

PRINCIPAUX CHAPITRES DU BON JARDINIER

Calendrier du jardinier.	Division des plantes par famille.
Notions de botanique.	Plantes de pleine terre.
Chimie et physique horticoles.	Dictionnaire de toutes les plantes, ar-
Bâches, couches.	bres et arbustes connus jusqu'à ce
Serres, abris.	jour avec leur description, le nom de
Multiplication des plantes.	la famille à laquelle ils appartiennent,
Maladies, animaux nuisibles.	l'époque des semis, de la floraison;
Arbres fruitiers et taille.	leur culture et leur emploi dans les
Plantes potagères.	jardins.
— médicinales.	Ce dictionnaire contient le nom vul-
— de grande culture.	gaire et scientifique de chaque plante.

Une nouvelle édition du *Bon Jardinier* est publiée chaque année.

Cet ouvrage a été couronné par la Société impériale d'horticulture.

Bon Jardinier (Gravures du), 21ᵉ édit. 1 vol. in-12 de 648 pag. avec 680 grav. et planches. . . . . 7 »

CONTENANT

1° Principes de botanique.	3° Construction et chauffage des serres.
2° Principes de jardinage, manière de tailler, marcotter, greffer, disposer et former les arbres fruitiers.	4° Instruments et outils de jardinage.
	5° Composition et ornements des jardins.
	6° Hydroplasie.

BOSSIN.

Reine-Marguerite et ses variétés, par Bossin. In-12 de 48 p. » 50

BRAVY.

Arbres fruitiers (Culture des), par Bravy. 2ᵉ éd. 86 p. in 12. » 75

CARRIÈRE.

Arbre généalogique du groupe pêcher. 1 v. in-8. 104 p.   3 »

Entretiens familiers sur l'horticulture, par Carrière. 1 vol. in-12 de 384 pages..   3 50

Jardinier-Multiplicateur (Guide pratique du) ou art de propager les végétaux par semis, boutures, greffes, etc., par E.-A. Carrière. 2e édition. 1 vol. in-18 de 416 pages et 85 gravures..   3 50

Pépinières, par Carrière. (Bibl. du Jard.). 148 pages et 50 grav.   1 25

Production et fixation des variétés dans les végétaux, par Carrière. 1 vol. in-8 à 2 colonnes de 72 pages avec 13 gravures sur bois et 2 planches coloriées..   2 50

Traité général des Conifères. ou description de toutes les espèces et variétés de ce genre aujourd'hui connues, avec leur synonymie, l'indication des procédés de culture et de multiplication qu'il convient de leur appliquer, par E. Carrière. Nouvelle édition. 2 vol. in-8, ensemble de 910 pages..   20 »

CÉRIS (DE).

Jardins et parcs, par de Céris (Bibl. du Jard.). 1 vol. in-18 avec 60 gravures..   1 25

DUMAS.

Culture maraîchère dans le Midi de la France, par Dumas. 1 vol. in-18 de 120 pages..   1 25

Calendrier horticole pour le Midi de la France. Taille précoce des arbres fruitiers et de la vigne, son avantage contre les gelées tardives sous le rapport de la fructification, par A. Dumas. In-12 de 80 pages..   1 »

DUVILLERS.

Parcs et jardins (Les), créés et exécutés par F. Duvillers, architecte paysagiste, paraissant par livraisons de deux planches in-folio avec texte. Prix de chaque livraison..   5 »

GAUDRY.

Arboriculture (Cours pratique d'), par Gaudry. 1 vol. in-12 de 304 pages..   2 25

GRIN.

Le pincement court ou pincement des feuilles. Méthode de direction des arbres et notamment du pêcher. In-8 de 62 pages.   1 »

HARDY.

Arbres fruitiers (Taille et Greffe des), par Hardy. 6e édition. 1 vol. in-8 et 122 gravures..   3 50

H RINCQ

Plantes, Arbres et Arbustes (Manuel général des). Description et culture de 25,000 plantes indigènes d'Europe ou cultivées dans les serres, par MM. Hérincq et Jacques, ex-jardiniers en chef du domaine royal de Neuilly, pour les trois premiers volumes, et Duchartre, pour le quatrième volume. — 4 vol. petit in-8 à 2 colonnes..   36 »

HUARD DU PLESSIS.

Noyer (Le). — *Sous presse.*

JACQUIN.

Melon (Monographie complète du), par Jacquin aîné. 1 vol. in-8 de 200 pages et 53 planches sur acier. Prix. . . . . 5 »

JAMIN et DURAND.

Catalogue raisonné des arbres fruitiers, cultivés chez Jamin et Durand. 56 pages in-8. . . . . 1 50

JARDINS, etc.

Jardins (Traité de la composition et de l'ornementation des). 6e édition. 2 vol. in-4 oblong avec 168 planches gravées. 25 »

P. JOIGNEAUX.

Conférences sur le jardinage (légumes et fruits). 2e édit., par Joigneaux (Bibl. du Jard.). 152 pages. 1 25

Le jardin potager, par P. Joigneaux, ouvrage illustré de 95 dessins en couleur, intercalés dans le texte. 1 beau vol. in-18 de 442 pages. 6 »

LABOURET.

Cactées (Monographie de la famille des), suivie d'un **Traité complet de culture** et d'une table alphabétique de toutes les espèces et variétés, par Labouret. 1 vol. in-12 de 732 pages. . . 7 50
Cet ouvrage a été couronné par la Société impériale d'horticulture.

LACHAUME.

Pêchers en espaliers (Conduite et taille des), par Lachaume. 1 vol. in-18 de 212 pages et 40 gravures. . . . . 2 »

Poiriers et Pommiers (Méthode élémentaire pour tailler et conduire les), par Lachaume. 1 volume in-18 de 285 pages et 49 gravures. 2 50

LAHAYE.

Maladies organiques des arbres fruitiers, des causes et des moyens de les prévenir, par Lahaye. 1 br. in-8 de 44 pages. . . 1 50

LEBOIS.

Chrysanthème (Culture du), par Lebois. 36 pages in-12. . » 75

LECOQ.

Botanique populaire, par Henri Lecoq, professeur à la Faculté des sciences de Clermont-Ferrand. 1 vol in-18 de 408 p. et 215 grav. 3 50

Fécondation naturelle et artificielle des végétaux et hybridation, par Henri Lecoq. 1 vol. in-8 de 428 pages et 106 gravures. 7 50

LE MAOUT.

Flore élémentaire des Jardins et des Champs, avec des Clefs analytiques conduisant promptement à la détermination des Familles et des Genres, et un Vocabulaire des termes techniques; par Le Maout et Decaisne, de l'Institut, professeur de culture au Jardin des Plantes de Paris. 2 vol. petit in-8 de 940 pages. . . . . 9 »

LEROY (André).

Catalogue de André Leroy (d'Angers). 1 v. in-8 de 140 p, 1 »

LIRON (DE) D'AIROLLES.

Catalogue des arbres à fruits, cultivés dans les pépinières des CHARTREUX de Paris, en 1775. 1 brochure in-18 de 82 pages, publiée par de Liron d'Airolles. . . . . 2 »

Poiriers (Les) les plus précieux parmi ceux qui peuvent être cultivés à haute tige; par de Liron d'Airolles. 2ᵉ édit. 1 vol. in-8 avec pl.   2 »

LOISEL.

Asperge. Culture, par Loisel (Bibl. du Jard.). 2ᵉ édition. 108 pages et 8 gravures. 1 25

Melon. Culture, par Loisel (Bibl. du Jard.). 5ᵉ édition. 108 pages et 7 gravures. 1 25

MARX-LEPELLETIER.

Rosier — Violette — Pensée — Primevère — Auricule — Balsamine — Pétunia — Pivoine, par Marx-Lepelletier. (Bibl. du Jard.) 108 pages. 1 25

MENET.

Arboriculture (Traité élémentaire et pratique d'), par Menet. 1 vol. in-8 de 78 pages et 17 planches. 2 50

MOREL.

Orchidées (Culture des). Instructions sur leur récolte, expédition et mise en végétation, et liste descriptive de 550 espèces et variétés, par Morel, vice-président de la Société impériale d'horticulture. 1 v.   5 »

NAUDIN.

Potager (Le), jardin du cultivateur, par Naudin (Bibl. du Jardinier). 187 pages, 31 gravures. 1 25

Serres et Orangeries de plein air; par Ch. Naudin, 32 pages in-8. . . . . » 75

NEUMANN.

Serres (Art de construire et de gouverner les); par Neumann 1 volume in-4 oblong, renfermant 83 planches. . . . . . 7 »

NOISETTE.

Jardinier (Manuel complet du); par Louis Noisette. 4 vol. in-8 et un supplément formant ensemble 2170 pages et 25 planches,   25 »

PIROLLE.

Dahlia, par Pirolle (Bibl. du Jard.). 1 vol. in-18 de 148 pages.   1 25

PONSORT (DE)

Pensée (Culture de la); par le baron de Ponsort (Bibl. du Jard. 1 volume de 108 pages. 1 25

PRÉCLAIRE.

Arboriculture (Traité théorique et pratique d'); par Préclaire. 1 vol. in-8 de 178 pages et 1 atlas in-4 de 15 planches. . . 5 »

PUVIS.

Arbres fruitiers. Taille et mise à fruit; par Puvis. (Bibl. du Jard.) 2ᵉ édit. 167 pages. 1 25

PUYDT (DE).

Plantes de serre froide; par de Puydt (Bibl. du Jard.). 157 pages et 15 gravures. 1 25

RAFARIN.

Serres (Chauffage des); par Rafarin. 1 vol. in-8, 26 grav.   3 50

RAOUL.

Arboriculture (Manuel pratique d'); par l'abbé Raoul. 1 vol. in-18 de 264 pages et 10 gravures. 2 50

RÉMY.

Champignons et Truffes; par Jules Rémy. 1 vol. in-18 de 172 pages et 12 planches coloriées. 3 50

Jardinier des fenêtres (Le), des appartements et des petits jardins; par J. Rémy. 1 v. in-18 de 280 pages et 40 gravures. 4ᵉ édition 3 50

ROBAUX.

Indicateur horticole à l'usage des amateurs et des jardiniers; par Robaux. 1 brochure in-8. . . . .   1 »

ROBIN.

Végétaux (Rôle de l'oxygène dans la respiration et la vie des); par Edouard Robin. 60 pages in-8. . . . .   1 50

THIBAUT.

Pelargonium, par Thibaut (Bibliothèque du Jardinier). 2ᵉ édit. 108 p. et 10 gr. 1 25

THORY.

Rosier (Prodrome de la monographie du genre); par Thory. 1 volume in-12 de 190 pages. 1 25

VIGNE — BOISSONS — DISTILLATION — SUCRE

CARRIÈRE.

Vigne (La); par Carrière. 1 vol. in-18 de 396 p. et 121 grav.   3 50

PRINCIPAUX CHAPITRES

Multiplication de la vigne.	Restauration des vieilles vignes.
Culture et plantation.	Engrais, labours, soufrage.
Taille et conduite de la vigne.	Des cépages.

CLÉMENT PRIEUR.

Étude sur la viticulture et sur la vinification dans le département de la Charente. In-8 de 163 pages. . . .   2 »

COLLIGNON D'ANCY.

Vigne. Nouveau mode de culture et d'échalassement; par Collignon d'Ancy. 1 vol. in-8 de 200 pages et 3 planches. . . . .   3 »

GARNIER.

Vigne (Théorie pour l'amélioration de la culture de la) par Garnier. 1 vol. in-8 de 192 pages.   2

Guyot (Jules).

Vigne (Culture de la) et Vinification; par le D' Jules Guyot.
2ᵉ édition. 1 volume in-12 de 426 pages et 30 gravures.. . . .   5 50

Viticulture dans la Charente-Inférieure; par le docteur
Guyot. 1 volume in-8 de 60 pages. 2 50

Viticulture dans l'est de la France; par le docteur Guyot.
1 volume in-18 de 204 pages et 46 gravures. 3 50

Viticulture du sud-ouest de la France; par le docteur Guyot.
1 volume in-8 de 248 pages et 89 gravures. 4 50

Jobard-Bussy.

Vigne (Perfectionnement de la plantation de la); par Jobard-Bussy, 1 volume in-8 de 102 pages et 1 planche. 1 50

Laliman.

Vigne (Taille de la) à cordons; vignes et vins étrangers; par
Laliman, 1 brochure in-8 de 52 pages. 1 25

Leusse (De).

**Distillation agricole de la pomme de terre, des topi-
nambours, etc., etc.,** par le comte de Leusse. 1 vol. in-18 de 154
pages. . . . .   2 »

Machard.

Vins (Traité pratique sur les); par Machard. 4ᵉ édition. 1 vol.
in-18 de 359 pages. 5 50

Michaux (A.).

Échalas (Plus d'). Échalas, paisseaux et lattes remplacés par des lignes de fil de fer mobiles; par A. Michaux, de l'Institut. 18 pages et
1 planche. . . . . » 40

Odart.

Ampélographie universelle, ou Traité des cépages les plus esti-
més; par le comte Odart. 5ᵉ édit. 1 vol. in-8 de 650 pages. .   7 50

Vigneron (Manuel du); par le comte Odart. 5ᵉ édition. 1 vol. in-12
de 360 pages. 4 50

Robinet (fils).

Vins (Manuel pratique et élémentaire d'analyse des);
par Éd. Robinet fils. 1 vol. in-8 de 136 pages et 2 planches. .   3 »

Seillan.

Vins du Gers; par Seillan. 11 pages in-4 et 1 carte. . . . . .   1 »

Terrel des Chênes.

Vins (Pourquoi nos) dégénèrent; par Terrel des Chênes. 1 brochure in-8 de 48 pages. . . . .   1 »

Vergne (De la).

Soufrage de la vigne (Instruction pratique sur le), par de la Vergne. 1 vol. in-18 de 82 pages et 1 planche 1 50

Vergnette-Lamotte.

Vin (Le); par de Vergnette-Lamotte, correspondant de l'Institut. 1 vol. in-18 de 384 pages avec 5 planches en couleur et 29 gr. noires.   3 50

PRINCIPAUX CHAPITRES

Vendange. Fermentation.
Remplissage des vins nouveaux.
Amélioration des moûts.
Sucrage de la vendange.
Vinage des vins. Coupage des vins.
Alcoolométrie. Collage des vins. Fermentation des vins au tonneau.
Des caves. Soins que demandent les vins vieux.
Action du froid sur les vins.
Congélation des vins.

Tirage en bouteilles des grands vins et des vins ordinaires.
Maladies des vins.
Amertume des vins.
Examen des dépôts des vins.
Maladie des vins en bouteilles.
Amertume des vins vieux.
Chauffage des vins.
Théorie et effet du chauffage.
Pratique du chauffage.

Vignial.

Vigne (Hygiène de la); par Vignial. Moyen de lui rendre la santé sans le secours d'aucun remède. 1 br. in-8 de 16 p. et 3 pl. .   1 »

ABEILLES — MURIERS — SOIE — VERS A SOIE

Blain.

Ver à soie du chêne (Notice pratique pour servir à l'éducation du); par Blain. 1 brochure in-18 de 20 pages. .   1 »

Boullenois (de).

Vers à soie (Conseils aux nouveaux éducateurs de); par de Boullenois. 2ᵉ édit. 1 vol. in-8 de 224 pages et 2 planches.   5 50

Boyer et Labaume.

Mûrier (Culture du); par Boyer et Labaume. 150 p., 5 pl. .   5 »

Chabod.

Magnanerie (La petite), ou Manuel de l'éducation pratique et raisonnée des vers à soie; par Chabod fils. 1 br. in-18 de 48 p.. .   1 25

Charrel.

Mûrier (Manuel du cultivateur de); par Charrel, pépiniériste, commissaire-instructeur à la culture du mûrier, désigné par la Société d'agriculture de Grenoble. 1 vol. in-8 de 268 pages. 1 75

Chavannes (de).

Mûrier. Manière de cultiver le mûrier avec succès dans le centre de la France; par de Chavannes. 1 vol. in-8 de 130 pages. 1 25

Debeauvoys.

Apiculteur (Guide de l'); par Debeauvoys. 6ᵉ édition. 1 vol. in-12 de 340 pages, avec figures. 2 50

DUSEIGNEUR.

Cocons et Graines d'Italie; par Duseigneur. 16 pag. in-8.   1 »

GIVELET.

Ailante et son bombyx (L'). Culture de l'ailante, éducation du ver que cet arbre nourrit, valeur et emploi de la soie qu'on en tire, par Henri Givelet. Ouvrage orné de plusieurs plans et de 14 planches coloriées. . . . . 10 »

GUÉRIN-MENNEVILLE.

Muscardine; par Guérin-Menneville. In-8 de 186 pages. . .   3 »

Vers à soie (Maladies et amélioration des races de); par Guérin-Menneville. 32 pages in-18. . . . .   1 »

MASQUARD (E. DE).

Maladies des vers à soie, par M. E. de Masquard (*sous presse*).   5 50

PERSONNAT.

Ver à soie du chêne (Conférence sur le), (Bombyx Yama-maï); par Camille Personnat, donnée au Palais de l'Industrie de Paris, le 28 août 1865. . . . .   1 »

Ver à soie du chêne (Le), bombyx Yama-Maï, son histoire, son acclimatation, son éducation, ses produits; par Camille Personnat. 1 vol. in-8 avec 5 planches coloriées. . . . .   5 »

ROUX.

Vers à soie (Les); par J.-F. Roux. 1 vol. in-12 de 245 pages.   1 25

SAGOT.

Petit traité spécial de la culture des abeilles avec l'aumônière ruche à cadres et greniers mobiles, par l'abbé Sagot. In-18, fig.   1 »

SOCIÉTÉ SÉRICICOLE.

Société séricicole (Annales de la), pour la propagation et l'amélioration de l'industrie de la soie. 15 volumes grand in-8 et 15 planches.

La collection complète. . . . . 175 »

BOIS — FORÊTS — CHARBON

ARBOIS DE JUBAINVILLE.

Assolements forestiers (Utilité des); par d'Arbois de Jubainville. 1 brochure in-8 de 48 pages . . . .   2 »

Balivage (Règlement du) dans une forêt particulière; par d'Arbois de Jubainville. 1 brochure in-8 de 64 pages. . . . .   2 »

Défrichement des forêts (Manuel du); par d'Arbois de Jubainville. 1 vol. in-8 de 184 pages. 4 50

BURGER.

Chêne de marine (Principes de culture du); par Burger. 1 brochure in-8 de 64 pages.   1 50

Clavé.

Économie forestière (Études sur l'); par Jules Clavé. 1 vol.
in-18 de 380 pages.. 3 50

Courval (de).

Arbres forestiers (Conduite et taille des); par le vicomte de
Courval. 1 brochure in-8 de 110 pages et 15 planches.. . . . . 3 »

Dubois.

**Charrue forestière, travaux de reboisement exécutés
dans le Blésois**; par Dubois. 1 brochure in-8 de 84 p. . . 2 »

Futaies de chêne (Considérations culturales sur les);
par Dubois. 1 brochure in-8 de 42 pages.. . . . . 1 50

Grandvaux.

Reboisement des montagnes de France; par Grandvaux.
1 volume in-8 de 50 pages.. . . . . » 75

Gurnaud.

Bois de l'État et la dette publique (Les); par Gurnaud.
1 brochure de 16 pages.. . . . . » 75

Forêts de l'État (Conserver les) et réaliser le matériel surabon-
dant; par Gurnaud. 1 brochure in-8 de 64 pages.. . . . . . . 2 »

Forêts (Mémoire sur la gestion des); par Gurnaud. 1 brochure
in-8 de 32 pages.. 1 50

Joubert.

Reboisement de la France (Du); par Joubert. In-8.. . . 1 50

Moitrier.

Osier (Culture de l'); et art du vannier, par Moitrier. 60 pages
et 4 planches.. . . . . 2 »

Nanquette.

Cours d'aménagement des forêts, professé à l'École impériale
forestière, par H. Nanquette. 1 volume in-8 de 327 pages.. . 6 »

Ribbe (de).

Provence (La), au point de vue du bois, des torrents et des inondations; par de Ribbe. 1 vol. in-8 de 200 pages.. . . . . 3 »

Rousset.

Études de maître Pierre sur l'agriculture et les forêts;
par Antonin Rousset. 1 volume in-18 de 92 pages.. . . . . . 1 »

Samanos.

Pin maritime (Culture du); par Éloi Samanos. 1 volume in-8 de
450 pages et 4 planches.. . . . . 3 »

Thomas.

**Bois (Traité général de la culture et de l'exploitation
des)**; par Thomas. 2 volumes in-8.. . . . . 10 »

ÉCONOMIE DOMESTIQUE — CUISINE

Bréviaire des gastronomes. Aide-mémoire pour ordonner les repas. 1 volume in-16 cartonné de 186 p. . . . . 2 »

Cuisinière de la campagne et de la ville (La); par L. E. A. 1 volume in-12 avec figures. 42ᵉ édition . . . . 5 »

DELAMARRE.

Vie à bon marché (La); par Delamarre, député de la Somme. Le pain, la viande, les transports. 2ᵉ édit. 1 vol. in-12 de 708 p. . 3 50

LECLERC.

Caisse d'épargne et de prévoyance. Lettres à un jeune laboureur par Louis Leclerc. 5ᵉ édition. In-12 de 60 pages. . . . . . » 25

MARTIN (DE).

Fromages (Études sur la fabrication des), fermentation caséique. Grand in-8 de 60 pages. 1 50

MILLET-ROBINET (Mᵐᵉ).

Bon domestique (Le); par Mᵐᵉ Millet-Robinet. 1 volume in-12 de 204 pages. . . . . 2 »

Conseils aux Jeunes Femmes; par Mᵐᵉ Millet-Robinet. 1 vol. in-18 de 284 pages et 30 gravures 3 50

Économie domestique; par Mᵐᵉ Millet-Robinet. (Bibl. du Cultiv.). 5ᵉ édition. 245 pages et 78 gravures. 1 25

Maison rustique des Dames; par Mᵐᵉ Millet-Robinet. 2 volumes in-12, avec 250 gravures, 6ᵉ édition. 7 75

Cet ouvrage est divisé en quatre parties :

TENUE DU MÉNAGE	MÉDECINE DOMESTIQUE
Travaux — Repas.	Pharmacie — Hygiène.
Comptabilité — Dépenses.	Maladies des enfants.
Mobilier — Linge.	Médecine et Chirurgie.
Conserves — Blanchissage.	Empoisonnement — Asphyxie.
CUISINE	**JARDIN — FERME**
Potages — Sauces.	Jardins, Potagers, Fruitiers, Fleurs, etc
Viandes — Poissons — Gibier.	Ferme, Travaux des champs.
Légumes — Fruits — Purées.	Basse-cour, Vacherie, Laiterie.
Entremets — Desserts — Bonbons.	Bergerie, Porcherie.

VACCA (E.).

Fromages dits de géromé (Fabrication des); par E. Vacca, professeur de chimie. Brochure in-8. . . . . » 50

VILLEROY.

Laiterie, Beurre et Fromages; par Villeroy. 1 volume in-18 de 390 pages et 59 gravures 5 50

JOURNAUX — PUBLICATIONS PÉRIODIQUES

GAZETTE DU VILLAGE

Fondée par M. VICTOR BORIE

PARAISSANT TOUS LES DIMANCHES

Prix d'abonnement, rendu *franco* à domicile : un an. . . 6 fr.
— — six mois. . 3 fr. 50

10 centimes le numéro

Ce journal, contenant 8 pages à deux colonnes, format des journaux littéraires illustrés, publie, chaque semaine, des articles ayant pour but de mettre à la portée de toutes les intelligences les notions élémentaires d'économie rurale, les meilleures méthodes de culture, les inventions nouvelles ; de faire connaître les principales industries et les procédés employés par elles ; de populariser les voyages entrepris dans des contrées lointaines ; de raconter la vie des hommes utiles à l'humanité, et de tenir enfin les lecteurs au courant de tout ce qui se passe d'intéressant dans le monde industriel et agricole.

Il donne, en outre, un grand nombre de faits, recettes, procédés divers utiles aux cultivateurs et aux ouvriers.

Une partie du journal, consacrée aux *lectures du soir*, contient un roman choisi avec la sollicitude la plus scrupuleuse.

Instruire et moraliser sans ennui, tel est le programme de la *Gazette du Village*.

En vente :
- 1re année 1864 . . . . 4 »
- 2e — 1865 . . . . 4 »
- 3e — 1866 . . . . 4 »

———

On s'abonne à Paris, rue Jacob, 26, en envoyant un mandat de SIX francs sur la poste. (Les frais de ce mandat ne sont que de 6 centimes.)

39e ANNÉE — 1867

REVUE HORTICOLE

JOURNAL D'HORTICULTURE PRATIQUE

FONDÉE EN 1829 PAR LES AUTEURS DU BON JARDINIER

Rédacteur en chef : M. CARRIÈRE

Chef des pépinières au Muséum d'histoire naturelle

PRINCIPAUX COLLABORATEURS :

**D'Airolles, André, Bailly, Baltet, Boncenne, Bossin, Bouscasse, Carbou,
Chabert, Chauvelot, Denis, de la Roy, Doumet, du Breuil,
Durupt, Ermens, Gagnaire, Glady, Gloede, Groenland, Guillier, Hardy, Houllet,
Kolb, Lachaume, de Lambertye, Lecoq, Lemaire,
André Leroy, Martins, de Mortillet, Naudin, Neumann, d'Ornous,
Pépin, Quetier, Rafarin, Sisley, Verlot, Vilmorin, etc.**

PRIX DE L'ABONNEMENT POUR LA FRANCE ET L'ALGÉRIE

Pour un an. . . . . 20 fr. »

Pour six mois. 10 50

On souscrit en envoyant à la *Librairie agricole*, 26, rue Jacob, le prix de l'abonnement en un mandat sur la poste dont la souche sert de quittance, ou en timbres-poste, en envoyant comme compensation de la perte subie par l'Administration pour l'échange contre espèces, quatre timbres-poste de 20 centimes pour l'abonnement d'un an, et un timbre de 40 centimes pour six mois : soit pour un an 20 fr. 80 en timbres-poste, et pour six mois 10 fr. 90. La quittance du journal est envoyée à la réception des timbres-poste.

On souscrit encore en avisant l'Administration de faire traite pour la somme de 20 fr. 80 pour un abonnement d'un an, et de 11 fr. 40 pour six mois.

PRIX DE L'ABONNEMENT. — UN AN (JANVIER A DÉCEMBRE) : 20 FR.

France jusqu'à destination.		*Franco jusqu'à leur frontière.*	
Italie, Belgique et Suisse. . . .	20 fr.	Grèce.	23 fr.
Angleterre, Egypte, Espagne, Pays-Bas, Turquie, Allemagne, Autriche.	23	Suède.	23
		Pologne, Russie.	25
Colonies françaises, Montevideo, Uruguay.	25	Buenos-Ayres, Canada, Colonies anglaises et espagnoles, Etats-Unis, Mexique.	25
Etats-Pontificaux.	24		
Brésil, Iles Ioniennes, Moldo-Valachie.	26	Bolivie, Chili, Nouvelle-Grenade, Pérou, Java.	29
Portugal.	24		

N. B. — La *Librairie agricole* envoie un numéro spécimen de la *Revue horticole* à toute personne qui lui en fait la demande.

31ᵉ ANNÉE — 1867

JOURNAL

D'AGRICULTURE PRATIQUE

MONITEUR DES COMICES, DES PROPRIÉTAIRES ET DES FERMIERS

(Seconde partie de *la Maison rustique du dix-neuvième siècle*)

Fondé en 1837 par Alexandre Bixio

Rédacteur en chef : M. E. LECOUTEUX

Propriétaire-Agriculteur

MEMBRE DE LA SOCIÉTÉ IMPÉRIALE ET CENTRALE D'AGRICULTURE DE FRANCE

Secrétaire de la rédaction : M. A. de CÉRIS

Gérant responsable : M. Maurice BIXIO

PRINCIPAUX COLLABORATEURS :

**MM. Boussingault, Brongniart, Combes, H. Deville,
Duchartre, Dumas, Michel Chevalier, Naudin, Payen, Wolowski, etc.,**

Membres de l'Institut,

**MM. Amédée Durand, Béhague (de), Bella, Borie,
Bouchardat, Dampierre, Gayot, Guérin-Menneville, Heuzé,
Kergorlay (de), Magne, Moll, Monny de Mornay (de)
Nadault de Buffon, Reynal, Robinet, Vibraye (de), Vogué (de), etc.,**

Membres de la Société impériale et centrale d'agriculture,

Et un nombre considérable d'agriculteurs, de savants, d'économistes,
d'agronomes de toutes les parties de la France et de l'étranger.

Ce journal est autorisé à traiter les matières d'économie politique et sociale. Il paraît toutes
les semaines par livraison de 40 pages in-8

FORMANT CHAQUE ANNÉE

DEUX BEAUX VOLUMES ENSEMBLE DE 1,700 PAGES

Avec de belles gravures noires dans le texte

PRIX DE L'ABONNEMENT POUR LA FRANCE ET L'ALGÉRIE

Pour un an. . . . . . .   20 fr.   »
Pour six mois.   10   50
Pour trois mois.   6   »

On souscrit en envoyant à l'Administration du Journal, 26, rue Jacob, le prix de l'abonnement en un mandat sur la poste dont la souche sert de quittance, ou en timbres-poste, en envoyant comme compensation de la perte subie par l'Administration pour l'échange contre espèces, quatre timbres-poste de 20 centimes pour l'abonnement d'un an, et un timbre de 20 centimes pour chaque trois mois : soit pour un an 20 fr. 80 en timbres-poste, et pour trois mois 6 fr. 20. La quittance du Journal est envoyée à la réception des timbres-poste.

On souscrit encore en avisant l'Administration de faire traite pour la somme de 20 fr. 90 pour un abonnement d'un an ; de 11 fr. 40 pour six mois, et de 6 fr. 90 pour trois mois.

PRIX DE L'ABONNEMENT D'UN AN POUR L'ÉTRANGER

Franco jusqu'à destination.

Italie, — Belgique et Suisse. .	20 fr.
Angleterre, — Égypte. — Espagne, — Pays-Bas, — Turquie.	25
Allemagne, — Autriche. . . .	27
Colonies françaises, — Montevideo, — Uruguay.	29
États pontificaux.	28
Brésil, — Iles Ioniennes, — Moldo-Valachie.	52
Portugal.	28

Franco jusqu'à leur frontière.

Grèce.	25 fr.
Suède.	27
Pologne, — Russie.	27
Buenos-Ayres, — Canada, — Colonies anglaises et espagnoles, — États-Unis, — Mexique. .	50
Bolivie, — Chili, — Nouvelle-Grenade, — Pérou, — Java. .	34

N. B. L'administration envoie un numéro spécimen du *Journal d'agriculture pratique* à toute personne qui lui en fait la demande.

BIBLIOTHÈQUES

BIBLIOTHÈQUE AGRICOLE DES ÉCOLES PRIMAIRES.
BIBLIOTHÈQUE DES ECOLES RURALES. — BIBLIOTHÈQUE DU CULTIVATEUR,
BIBLIOTHÈQUE DU JARDINIER.

BIBLIOTHÈQUE AGRICOLE DES ÉCOLES PRIMAIRES
à **75** centimes le volume

Traité d'agriculture élémentaire et pratique, par C. Laurençon. 2 vol. in-18 avec figures. 1 50

PREMIÈRE PARTIE	DEUXIÈME PARTIE
Agriculture, sol, terres, engrais, amendements, instruments aratoires, façons culturales, assolements, jachère, culture des plantes, plantes alimentaires, plantes fourragères, plantes industrielles.	Animaux domestiques, fabrication du beurre et du fromage, principes d'horticulture, arbres fruitiers, principes de viticulture, fabrication du vin, fabrication de l'eau-de-vie et résidus, comptabilité agricole.

Chaque volume séparé. . . . . » 75

BIBLIOTHÈQUE DES ÉCOLES RURALES
à **75** centimes le volume

Jeudis de M. Dulaurier (Les), par Victor Borie. 2 vol. in-18 de chacun 126 pages et 40 gravures.. . . . . 1 50

PREMIER VOLUME	SECOND VOLUME
Différentes espèces de terre, amendements, fumiers, drainage, irrigations, jachère, organisation des plantes, chimie agricole, échenillage, animaux utiles et animaux nuisibles, les fourrages, les labours, les instruments agricoles, etc.	Assolement, semailles, semoirs, le blé, la mouture, la farine, les moulins, les rivières, les poissons. Culture du seigle, de l'orge et de l'avoine, des betteraves, des prairies, des plantes industrielles, moisson, fenaisons, etc.

Horticulture (Cours élémentaire d'), par Boucenne. 2 vol. in-18, formant ensemble 312 pages avec 85 grav. 1 50

PREMIÈRE ANNÉE	DEUXIÈME ANNÉE
Organique des végétaux, culture potagère, culture des fleurs. 1 vol. in-12 de 152 pages et 48 gravures.	Organisation des végétaux ligneux, pépinières, multiplication, plantations, taille des arbres à fruits, culture de la vigne. 1 vol. in-12 de 160 pages et 34 gravures.

Chacun de ces volumes est vendu séparément. . . . . » 75

Histoire de France. Simples récits à l'usage des classes élémentaires des lycées, de l'enseignement secondaire spécial, des écoles primaires supérieures, par G. Ducoudray. 1 vol in-18 de 184 pages, avec 36 gravures coloriées hors texte. 1 50

Cet ouvrage a été admis par la commission des bibliothèques scolaires.

Le même ouvrage, cartonné. 1 75
    — toile rouge. . . . . 2 »

BIBLIOTHÈQUE DU CULTIVATEUR
Publiée avec le concours du Ministre de l'Agriculture

26 volumes in-18, à 1 fr. 25 le volume

Agriculteur commençant (Manuel de l'), par Schwerz, traduit par Villeroy. 5e édit., 332 pages.. . . . . 1 25

Animaux domestiques, par Lefour. 1 vol. in-18 de 162 pages et 57 gravures.. . . . . 1 25

Basse-cour, pigeons et lapins, par Mme Millet-Robinet, 5° édit.. 180 p., 31 gravures. 1 25

Bêtes à cornes (Manuel de l'éleveur de), par Villeroy. 300 pages et 60 gravures. 1 25

Champs et prés (Les), par Joigneaux, 140 pages. 1 25

Cheval (Achat du), par Gayot. 1 vol. de 180 pages et 25 grav. 1 25

Cheval, âne et mulet, par Lefour. 1 vol. de 176 p. 192 gr. 1 25

Cheval percheron, par du Hays. 176 pages. 1 25

Choux, Culture et emploi, par Joigneaux. 1 vol. in-18 de 180 pages et 14 gravures. 1 25

Comptabilité et géométrie agricoles, par Lefour. 214 pages et 104 gravures.. . . . . 1 25

Constructions et mécaniques agricoles, par Lefour, 216 pages et 151 gravures. 1 25

Culture générale et instruments aratoires, par Lefour. 1 vol. in-18 de 160 pages et 132 gravures. 1 25

Économie domestique, par Mme Millet-Robinet. 3e édit., 245 pages et 78 gravures.. . . . . 1 25

Engraissement du bœuf, par Vial. 1 vol. in-18 de 100 pages et 12 gravures.. . . . . 1 25

Fermage (estimation, plan d'amélioration, baux), par de Gasparin, memb. de l'Institut, ancien ministre de l'agriculture. 3e éd. 216 p. 1 25

Fumiers de ferme et composts, par Fouquet. 2e éd. 176 pages et 19 gravures. 1 25

Houblon, par Erath, traduit par Nicklès. 136 pages et 22 grav. 1 25

Lièvres, lapins et léporides, par Eug. Gayot. 216 p., 15 g. 1 25

Médecine vétérinaire (Notions usuelles de), par Sanson. 1 vol. de 180 pages.. . . . . 1 25

Métayage (contrat, effets, améliorations), par de Gasparin. 2e édition. 162 pages 1 25

Noir animal (Le). Analyse, emploi, vente, par Bobierre. 156 pages et 7 gravures. 1 25

Poules et œufs, par E. Gayot. 1 vol. de 208 pages et 35 gr. 1 25

Races bovines, par Dampierre. 2e édit. 196 pages et 28 gr. 1 25

Sol et engrais, par Lefour. 180 pages et 54 gravures . . . 1 25

Travaux des champs, par Victor Borie. 188 p. et 121 gr. 1 25

Vaches laitières (Choix des), par Magne. 144 p. et 39 gr. . 1 25

BIBLIOTHÈQUE DU JARDINIER

Publiée avec le concours du Ministre de l'agriculture

12 volumes à 1 fr. 25 le volume

Arbres fruitiers. Taille et mise à fruit, par Puvis. 2e édition. 167 pages... 1 25

Asperge. Culture ; par Loisel. 2e édit. 108 p. et 8 grav. ... 1 25

Conférences sur le jardinage (légumes et fruits). 2e éd. par Joigneaux. 152 pages... 1 25

Dahlia, par Pirolle. 1 vol. in-18 de 148 pages... 1 25

Jardins et parcs, par de Céris. 1 vol. in-18 avec 60 grav.. 1 25

Melon. Culture, par Loisel. 5e édition. 108 pages et 7 grav. ... 1 25

Pelargonium, par Thibaut. 2e édit. 108 pag. et 10 grav... 1 25

Pensée (Culture de la), par le baron de Ponsort. 1 volume de 108 pages... 1 25

Pépinières, par Carrière. 148 pages et 30 gravures... 1 25

Pétunia — Rosier — Pensée — Primevère — Auricule — Balsamine — Violette — Pivoine, par Marx-Lepelletier. 108 pages... 1 25

Plantes de serre froide, par de Puydt. 157 p. et 15 grav.. 1 25

Potager (Le), jardin du cultivateur, par Naudin. 187 p. 51 gr. 1 25

Chacun de ces volumes est vendu séparément.

FIN.

PARIS. — IMP. SIMON RAÇON ET COMP., RUE D'ERFURTH, 1